나만의 광고·홍보 전략이 없다면

DO Not EVER!

cafe24™ 마케팅센터와 함께하는

인터넷·쇼핑몰
광고·홍보
실전 마케팅

쇼핑몰 창업자를 위한 광고 전략 필독서

cafe24 마케팅센터와 함께하는

인터넷 · 쇼핑몰 광고 · 홍보 실전 마케팅

초판 인쇄 · 2012년 01월 30일
2판 1쇄 발행 · 2012년 12월 30일
지은이 · 이시환
펴낸이 · 조주연
펴낸곳 · 앤써북
출판등록 · 제 382-2012-00007호
주소 · 경기도 일산 서구 가좌동 565번지
전화 · 070-8877-4177
팩스 · 02-2275-3371

정가 · 15,000원
ISBN · 978-89-968739-3-8 13560

도서문의 · 앤써북 http://www.answerbook.co.kr

앤써북은 독자 여러분의 의견에 항상 귀기울이고 있습니다.

쇼핑몰을 창업하기 위해서는 쇼핑몰 제작, 사입, 마케팅, 물류, 고객관리, 자금관리 등 다양한 기술 및 일들에 대해서 이해하고 있어야 합니다. 이들 항목들은 어느 하나 중요하지 않은 일들이 없습니다. 그 중 쇼핑몰 운영에 있어서 가장 중요한 항목은 쇼핑몰을 알리는 일, 즉 쇼핑몰 마케팅입니다.

키워드 광고, 쇼핑 광고, 지식iN, 입소문 마케팅, 소셜 네트워크 마케팅 등 다양한 마케팅 방법이 있으며, 이들 마케팅 방법은 광고 집행에 따라 직접적인 비용이 발생하는가에 따라서 유료 광고와 무비용 광고 또는 홍보로 구분됩니다. 쇼핑몰의 운영자들은 대부분 마케팅을 집행하기 전에 '최소의 비용으로 최대의 효과를 얻는 방법'을 연구합니다. '어떤 광고 방법으로 어떻게 마케팅 하는가?'에 따라서 쇼핑몰의 매출에 상당한 차이가 발생할 수 있기 때문입니다.

만약 즉각적인 마케팅 효과를 얻기 원한다면 키워드 광고와 쇼핑 광고 등 유료 광고를 집행하는 것이 바람직합니다. 의류와 같은 계절상품은 판매할 수 있는 기간이 한정되어 있습니다. 의류 쇼핑몰을 오픈한 후 블로그 마케팅 등으로만 마케팅해야 한다면 쇼핑몰이 제대로 홍보되기도 전에 계절이 지나 상품의 가치가 떨어지게 될 것입니다. 병원사이트와 같이 입소문이 중요한 사이트의 경우 키워드 광고나 디스플레이 광고 등과 같은 유료 광고와 함께 블로그 마케팅과 같은 입소문 마케팅 그리고 소셜 네트워크 마케팅을 병행하여 집행하면 효율적일 것입니다.

이처럼 나에게 최적화된 마케팅 방법을 찾기 위해서는 우선 유료 광고의 종류와 특징, 무비용 광고의 종류와 특징을 이해해야 합니다. 특히 쇼핑몰에 최적화된 유료 광고를 찾고 집행하는 것은 쇼핑몰 운영에 있어서 가장 중요한 항목입니다.

끝으로 이 책을 통해서 인터넷 쇼핑몰 마케팅 방법들을 이해하고 집행하는데 도움이 되어 성공 쇼핑몰이 될 수 있기를 기원합니다.

cafe24 마케팅센터 소장 이시환 저

목 차

Contents

2장

**키워드 광고
프로세스와
최적화**

3장

광고 보고서
분석과
로그분석
최적화

부록

**키워드 광고
분석과 전략**

1장

인터넷 · 쇼핑몰 마케팅

인터넷 · 쇼핑몰 광고 · 홍보 이해하기

01 인터넷 · 쇼핑몰 마케팅, 광고와 홍보의 차이

인터넷 · 쇼핑몰 마케팅이란 쇼핑몰의 성장을 위해서 집행하는 모든 광고와 홍보 활동입니다. 그 중에서 인터넷상에서 진행되는 것이 인터넷 마케팅입니다. 인터넷 마케팅은 기존의 틀에 얽매이지 않고 꾸준히 발전하고 새로운 방법들이 생겨납니다.

광고와 홍보의 차이

모든 인터넷 마케팅 도구들은 쇼핑몰을 알리는 메시지를 전달한다는 목적은 일치하지만 그 메시지를 어느 정도 통제할 수 있는가에 따라서 광고와 홍보로 구분합니다. 광고와 홍보를 신문 지면에 비유해서 설명하겠습니다. 신문의 상단은 뉴스 등 각종 기사가 노출되는 '홍보' 영역이며, 이곳에 자신의 쇼핑몰에 관련된 기사가 게재되면 쇼핑몰을 알리는데 도움이 될 수 있습니다. 신문 하단은 광고주들이 지불한 크고 작은 광고들이 노출되는 '광고' 영역입니다.

광고 게재를 희망하는 신문 광고주는 자신이 원하는 신문사에 원하는 광고 메시지를 만들어 원하는 날짜에 노출시킬 수 있습니다. 반면 홍보 영역에 게재되는 신문 기사는 무료로 진행할 수 있지만 제공한 기사의 노출을 보장 받을 수 없습니다. 왜냐하면 신문 기사 영역은 기자를 통해서 작성되고 게재되기 때문입니다. 즉 신문 지면의 광고란와 홍보란의 차이는 비용을 지불하고 노출을 보장 받을 것인가 또는 본인이 시간을 투자하여 좋은 기사거리를 만들어 기자의 마음을 움직여 노출될 수 있게 할 것인가입니다.

쇼핑몰 마케팅에서의 광고와 홍보는 비용 발생 문제에 따라 구분되어
집니다. 키워드 광고와 같이 일정 비용이 수반되는 마케팅은 '광고' 이
고, 블로그의 포스트, 카페, 게시글, 소셜 네트워크 등을 통한 마케팅은
자신의 노력과 시간 외 별다른 비용이 들어가지 않기 때문에 '홍보' 입니
다. 즉 광고는 신문 하단 광고 영역과 같이 비용을 지불하여 일정 영역을
일정 시간 동안 노출 보장권을 구입하는 것이고, 홍보는 노출이 보장되
지 않은 영역이지만 스스로의 노력과 시간을 투자해서 노출시키고 알리
는 것입니다.

유료 광고와 무비용 광고 종류

인터넷 쇼핑몰을 알리는데 사용하는 대표적인 마케팅 도구에는 키워
드 광고, 쇼핑 광고, 디스플레이 광고, 입소문 마케팅, 검색등록, 이메일
마케팅, 소셜 네트워크 마케팅 등이 있으며, 이들 마케팅 도구는 비용 수
반 유무에 따라서 유료 광고와 무비용 광고로 나눌 수 있습니다. 유료 광
고는 광고주가 광고비를 지불해야 집행할 수 있는 광고이고 대표적으로
키워드 광고, 디스플레이 광고, 쇼핑 광고 등이 있습니다. 무비용 광고는
직접적인 광고비용이 소요되지 않지만 쇼핑몰을 알리기 위해 시간을 투
자해야 되며 대표적인 무비용 광고에는 입소문 마케팅, 소셜 네트워크
마케팅, 검색엔진 등록, 언론 마케팅 등이 있습니다.

구분	광고 종류	운영주제	광고 서비스명
유료 광고	키워드 광고	네이버	클릭초이스, 모바일
		오버추어	스폰서링크(스폰서검색)
		다음	클릭스
		구글	애드워즈(adwords)
	쇼핑 광고	네이버	지식쇼핑
		다음	쇼핑하우
		네이트·야후 등	SKP 스마트 오픈 쇼핑
		옥션	어바웃

구분	광고 종류	운영주제	광고 서비스명
유료 광고	디스플레이 광고	네이버	타임보드, 롤링보드, 모바일 배너
		다음	초기배너, 초기브랜드스테이션
		네이트	메인배너, 브랜딩샷
	브랜드 검색 광고	네이버	네이버 브랜드 검색
		다음	다음 브랜드 검색
	컨텐츠 광고	구글	컨텐츠매치, 컨텐츠 네트워크
무비용 광고	검색 엔진 등록	포털 사이트 등록	사이트 검색등록
	입소문 마케팅	블로그 마케팅	네이버 블로그, 다음 블로그, 티스토리 블로그
		카페 마케팅	네이버 카페, 다음 카페
		싸이월드	싸이월드 미니홈피
		지식인 마케팅	네이버 지식인, 다음 신지식
	소셜 네트워크 마케팅	트위터 마케팅	각 서비스를 쇼핑몰, 입소문 마케팅 광고, 이벤트 마케팅 등과 연계
		페이스북 마케팅	
		미투데이 마케팅	
		요즘 마케팅	
	언론 · 이메일 마케팅	언론 마케팅	포털사이트와 제휴된 언론사의 보도 자료
		이메일 마케팅	고객 참여가 늘어나는 이메일 마케팅
		이벤트 마케팅	주기적인 쇼핑몰 이벤트 기획 · 운영

◆ 유료 광고와 무비용 광고 분류표

02 유료 광고의 종류와 특징

키워드 광고

키워드 광고란 특정 키워드를 구매하여 사용자가 해당 키워드를 검색하면 검색 결과에 광고주의 사이트를 노출시키는 형태의 인터넷 광고입니다. 예를 들어다음 그림과 같이 네이버 검색 창에서 '족발집창업' 이라는 키워드 검색 시 파워링크에 노출되는 내용이 키워드 광고입니다.

키워드에 따라서 가격이 다르며 인기 있는 키워드일수록 광고 가격이 비쌉니다. 예를 들면 2011년 11월 10일자를 기준으로 네이버 파워링크에 1위 자리에 노출하기 위해서 '족발' 키워드는 2,100원, '창업' 키워드는

4,300원, '족발집창업' 키워드는 3,100원, '족발집' 키워드는 1,500원입니다. 이 가격은 각각의 키워드로 네이버에서 CPC 키워드 광고를 진행했을 때 노출된 광고를 고객이 클릭할 때마다 네이버에 지급해야 되는 광고비입니다.

◆ '족발집창업' 키워드 광고

키워드 광고는 검색 결과에서 광고를 클릭하여 광고주의 사이트를 방문한 경우에만 광고비를 지출되는 종량제 방식과 고객의 클릭 횟수와 관계없이 약속된 기간 동안 한 번의 결제로 노출이 보장되는 정액제 방식으로 구분됩니다.

쇼핑 광고

검색 포털 이용자들의 쇼핑을 위한 상품 검색 서비스로 네이버는 지식쇼핑, 다음은 쇼핑하우, 네이트는 Nate쇼핑, 옥션은 어바웃 등이 있습니다. 쇼핑 광고는 키워드 광고와 달리 상품이나 서비스를 구매 및 이용하고자 하는 고객에게 광고주의 상품이나 서비스를 직접 연결시켜주기 때문에 광고 효과가 매우 높은 광고입니다.

◆ 네이버의 지식쇼핑   ◆ 다음의 쇼핑하우   ◆ 네이트의 Nate쇼핑   ◆ 옥션의 어바웃 가격비교

브랜드 검색 광고

브랜드 검색 광고란 나이키 아디다스와 같이 브랜드 고유명사 키워드의 검색 결과에 이미지, 동영상 및 텍스트 등을 표현한 구성 요소들을 이용하여 광고주의 쇼핑몰, 기업, 상품, 서비스명의 브랜딩 가치를 극대화시킬 수 있는 광고 상품입니다.

브랜드 검색 광고는 비쥬얼한 소재로 검색 결과 화면에서 노출 결과에 대한 즉각적인 주목과 반응을 기대할 수 있고 브랜드 이미지를 강하고 효과적으로 전달할 수 있습니다. 하지만 대형 쇼핑몰에 비해 광고 예산이 적은 소호 쇼핑몰은 비용이 부담될 수 있는 광고이기 때문에 쇼핑몰 브랜드 인지도를 각인시켜야 될 필요가 있는 시기에 집행하는 것이 바람직합니다.

브랜드 검색 광고에는 네이버의 브랜드 검색 광고와 다음 브랜드 검색 광고 등이 있습니다. 네이버 브랜드 검색 광고는 동영상과 이미지를 자유롭게 구성할 수 있는 프리미엄형과 이미지와 텍스트로만 구성된 라이트형이 있습니다.

◆ 브랜드 검색 광고-라이트형   ◆ 브랜드 검색 광고-프리미엄형

다음 브랜드 검색 광고는 이미지, 동영상 및 텍스트를 자유롭게 구성할 수 있습니다. 브랜드 검색 광고는 비쥬얼한 소재로 검색 결과 화면에서 노출 결과에 대한 즉각적인 주목과 반응을 기대할 수 있고 브랜드 이미지를 강하고 효과적으로 전달할 수 있습니다.

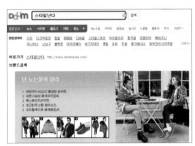

◆ 다음의 브랜드 검색 광고

디스플레이 광고

디스플레이 광고는 네이버, 다음, 네이트 등 검색 포털 사이트 메인 화면의 배너 형태로 노출되는 광고입니다. 비용이 많이 들어가기 때문에 일정 규모가 있는 기업체의 브랜드 홍보나 영화와 같이 짧은 시간에 많은 노출이 필요한 대중적인 상품 광고에 적합한 광고입니다. 네이버 디스플레이 광고는 1시간 독점으로 노출되는 타임보드(❶, 475×100), 다양한 다켓팅과 플래시 효과가 높은 롤링보드(❷, 280×150)가 있습니다. 다음 디스플레이 광고는 브랜딩 광고에 적합하고 초기배너(❸, 430×105), 초기화면에 고정적으로 노출되기 때문에 임팩트 있는 브랜드 메시지를 전달할 수 있는 초기 브랜딩스테이션(❹, 220×170)이 있습니다.

◆ 네이버 디스플레이 광고   ◆ 다음 디스플레이 광고

모바일배너 광고는 검색포털의 모바일 페이지의 배너 영역과 모바일 파트너의 배너영역에 노출되는 디스플레이 광고 유형입니다. 노출에 대한 광고비는 지불하지 않고, 클릭하여 방문한 경우에만 광고비를 지불하는 종량제 방색의 모바일 디스플레이 광고입니다.

◆ 모바일 디스플레이 광고

디스플레이 광고

컨텐츠 광고는 뉴스나 커뮤니티 사이트에서 뉴스를 보는 등의 콘텐츠를 조회할 때 해당 컨텐츠와 관련성이 높으면 광고주의 광고가 노출되는 광고입니다. 뉴스, 커뮤니티 등의 사이트에서 컨텐츠와 관련성이 높은 키워드 광고를 노출시키기 때문에 높은 노출수, 비교적 저렴한 CPC가 장점입니다.

요즘은 남성패션에도 밝은 컬러들이 유행 하고 있지만 세련되고 도시적인 느낌을 원한다면 블랙이 최고. 지난 방송에서 김래원이 보여주고 있는 블랙컬러의 수트 패션에 직장 남성들이 많은 관심을 갖고 있다. 이러한 컬러는 남성들이 주로 가지고 있는 컬러이며 또한 스타일링 역시 쉬우면서 세련됨과 시크한 느낌까지 연출 할 수 있다. 김래원의 수트 스타일링에서 조금 팁을 얻자면 추운 계절인 만큼 블랙 목폴라와 수트, 코트까지 완벽한 올 블랙을 선택해보자. 전체적으로 슬림해 보일 수 있다.

지난달 29일 방송에서 보여준 캐주얼한 사파리 점퍼도 화제다. 이날 김래원은 그레이 컬러의 사파리 점퍼와 함께 와인컬러의 머플러로 포인트를 주었다. 이너웨어와 머플러의 컬러 통일감을 주는 센스도 잊지 않았다. 사파리 점퍼는 특히 겨울철 직장 남성들의 아우터로 코디하기에 아주 좋은 아이템이다. 패딩 점퍼처럼 부하지 않으며 스키니한 라인에 따뜻함까지 갖추었기 때문이다. 출근 길 수트와 함께 아동스키니바지 돌어바옷베이비 우리아이 패션브랜드 도 세련된 스타일을 연출할 자, 특별하고 예쁜 내아이 아동스키니바지 돌어바옷베이비 비. www.allaboutbaby.co.kr AD〉×

남성브랜드 마인엠옴므 관계자는 "김래원처럼 부드러운 카리스마를 연출하기

◆ 컨텐츠매치 광고 유형

뉴스 기사 페이지 내에 배너 형태로 노출되는 광고도 컨텐츠 광고의 일종입니다. 광고 효과는 검색 포털 사이트에 노출되는 배너 광고가 높지만 워낙 광고비가 비싸기 때문에 소호 쇼핑몰은 신문 기사 내부에 배치된 배너 광고를 선호합니다. 기사에 노출되는 배너 광고는 검색 포털의 배너 광고와 달리 광고 가격이 저렴합니다.

◆ 신문 기사 내부에 배치된 배너 광고

03 무비용 광고의 종류와 특징

검색 엔진 등록

국내 유명 포털 사이트에 쇼핑몰을 등록한 후 검색 엔진에 검색되도록 신청하는 서비스입니다. 검색 엔진 등록 서비스는 네이버, 다음 등 각각의 포털사이트에서 무료로 신청 및 등록할 수 있습니다. 검색 엔진 등록은 모든 마케팅 중 가장 먼저 집행해야 되는 대표적인 무비용 광고입니다. 국내 유명 포털의 검색 엔진에 등록하면 그림과 같이 특정 키워드에 대한 통합검색의 사이트 탭에 노출됩니다.

◆ 네이버 검색 엔진에 등록된 카페24의 노출 사례

입소문 마케팅

네티즌들이 블로그, 카페, 지식인, UCC, 검색 포털의 커뮤니티 등의 전파 매체를 통해서 자발적으로 특정 쇼핑몰, 서비스, 상품 등을 홍보할 수 있도록 유도하는 마케팅 방법으로 '입소문 마케팅' 또는 '바이럴 마케팅'이라고 합니다.

쇼핑몰들이 키워드 광고, 배너 광고 등 각종 유료 광고와 별도로 스토리텔링 기법을 활용하여 고객들 사이에서 급속한 입소문을 통해 전파되는 마케팅으로 사용하며 키워드 광고에 비해 광고 효과가 지속된다는 장점이 있습니다.

블로그, 카페, 지식인 등은 마케터가 의도적으로 개입하여 다른 사람들이 자발적으로 입소문 낼 수 있는 도구로 입소문의 원인, 즉 그림과 같이 쇼핑몰 운영자는 포스트나 게시글 등 입소문 꺼리로 의도적으로 개입하고 그 입소문 꺼리가 블로그의 이웃, 카페의 회원 등 여러 사람들을 통해서 급속한 복제와 전파 등 구전 효과를 기대할 수 있습니다.

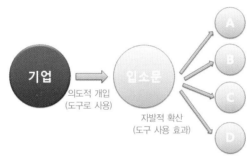

◆ 입소문 마케팅 정의

입소문 마케팅은 대표적인 무비용 광고로 이용되고 있으며 주기적인 포스팅 또는 게시글을 발행하고 꾸준한 이웃 또는 회원들을 관리할 수 있어야 하기 때문에 많은 시간을 투자해야 합니다.

다음은 대표적인 입소문 마케팅 도구들의 특징과 효과를 구분한 표입니다.

도구	특징	효과
카페	관심사가 비슷한 사람들을 모을 수 있고, 가입을 통한 회원간의 결속력과 충성도 높습니다.	카페 회원 가입과 회원 레벨 설정 등으로 충성 고객을 확보하고 타깃 마케팅을 할 수 있습니다.
블로그	정보 습득이 카페보다 자유롭고, 블로그 포스트 내용을 검색한 사람들의 방문을 유도할 수 있습니다.	특정 분야의 꾸준한 포스팅이 쌓이면 이웃들에게 쇼핑몰의 직간접인 홍보 효과로 꾸준한 유입과 매출을 기대할 수 있습니다
지식인	질문자의 질문에 답변을 받을 수 있으며, 그 질문과 답변 내용은 검색자의 방문을 유도할 수 있습니다.	특정 분야의 질문에 대한 답변으로 전문가라는 신뢰감을 줄 수 있고, 그 신뢰감으로 쇼핑몰 방문을 유도할 수 있습니다.
쇼핑몰 게시판	쇼핑몰의 읽을거리와 볼거리를 만들어 고객에게 쇼핑몰에 대한 충성도와 신뢰감을 줄 수 있습니다.	쇼핑몰 운영자와 고객은 구매자와 판매자의 관계에서 공감대와 신뢰감이 형성되어 고객의 구매 결정을 손쉽게 만듭니다.

◆ 입소문 마케팅 도구의 특징과 효과 비교

소셜 네트워크 마케팅

소셜 네트워크 서비스(SNS, Social Networking Service)를 통해서 수많은 사람들(트위터는 팔로워, 페이스북, 미투데이, 요즘은 친구)과 실시간으로 정보를 공유하고 확산시킬 수 있는 마케팅 도구입니다. 지식인, 블로그, 카페 등 입소문 마케팅 도구들이 '검색'을 통한 콘텐츠 소비와 공유가 목적이라면, 소셜 네트워크 마케팅에서는 '사람' 그 자체를 통한 전파가 목적입니다.

사람과 사람 사이에서 발생하고 확산되는 마케팅이기 때문에 그 무엇보다도 사람과의 관계가 중요합니다. 즉 가까운 사람들(트위터는 팔로우, 미투데이와 페이스북에서는 친구)의 수와 그 사람들과 얼마나 소통하고 있는가가 핵심입니다.

소셜 네트워크 마케팅은 입소문 마케팅의 도구와 함께 사용하면 쇼핑몰 홍보 목적을 달성하기가 수월해집니다. 카페, 블로그 등의 방문자는 콘텐츠를 소비한 후 바로 이탈(카페나 블로그를 떠나버리는)하는 경우가 많지만 페이스북, 트위터 등 소셜 네트워크 서비스는 소비 과정에서의 표현, 즉 '~ 때문에 좋아요.', '~은 불편한 것 같아요.' 와 같은 감정 표현이 확실하고 또한 전파하기 수월한 구조로 만들어졌기 때문에 최적의 확산 도구입니다.

◆ 소셜 네트워크 마케팅 과정

　SNS를 이용하면 고객들과 직접적인 소통이 가능하고, 상호 의견 교환
이 실시간으로 진행되기 때문에 신상품에 대한 모니터링을 통한 재고관
리 또는 신상품 구상도 가능합니다. 또한 실시간으로 고객들과 상담할
수도 있습니다.

　쇼핑몰에서 새로운 이벤트를 진행할 때도 SNS를 통해서만 응모할 수
있는 이벤트를 만들면 이메일 발송이나 이벤트 공지와 같은 단방향 이벤
트보다 고객들과 좀 더 친밀한 관계를 맺을 수도 있습니다.

　소셜 네트워크 서비스는 입소문 마케팅과 매우 유사합니다. 기존의 마
케팅이 쇼핑몰 운영자가 선택한 상품들을 고객들에게 일방적으로 권하
는 형식이라면 소셜 네트워크 서비스는 고객에 의해서 자발적으로 소문
이 날 수 있도록 유도할 수 있는 확산 마케팅 효과가 있습니다. 카페24
솔루션은 쇼핑몰 방문자가 자신의 SNS로 상품 정보를 스크랩할 수 있
는 서비스를 만들 수 있습니다.

◆ 쇼핑몰 상품 페이지의 소셜 네트워크 서비스

다음은 소셜 네트워크 서비스의 핵심 기능을 비교한 표입니다. 아래 기능 중 알리기와 댓글을 통해서 친구들에게 소식이 확산됩니다.

구분		트위터	페이스북	미투데이	요즘
친구	내가 맺은 친구	팔로잉	친구(상호 승인)	관심 있는 친구	모든 친구
	나를 맺은 친구	팔로워	친구(상호 승인)	관심 받은 친구	모든 친구
	서비스 제공 친구	–	–	관심 있는 친구	–
	기타	–	–	친구 초대	관심 친구
글 작성(문자 길이)		140자	무제한	150자	150자
알리기		리트윗 (RT,retweet)	공유하기	내 미투에도 쓰기	소문내기
댓글(멘션, Replies)		멘션	댓글 달기	댓글 달기	반응글쓰기

◆ 소셜 네트워크 서비스의 핵심 기능 비교

다음은 1,000냥 하우스로 널리 알려진 다이소 인터넷 쇼핑몰의 소셜 네트워크 마케팅의 사례를 통해서 트위터의 리트윗, 페이스북의 좋아요, 미투데이의 핑백에 대해서 알아보겠습니다.

이벤트명	트위터 팔로우하면 스마트박스 선물 증정
내용	다이소 자사의 '다이소걸's smart lift' 트위터 계정을 팔로우하거나 미투데이에 친구 신청을 한 사람에게 추첨을 통해 '다이소 스마트박스'를 선물하는 이벤트입니다. 이벤트에 참여한 고객 중 추첨을 통해 50명에게 '다이소 스마트박스'를 선물합니다. 스마트박스는 2만원 상당의 다이소 인기상품이 들어간 선물세트 기획상품입니다.
참여방법	다이소의 트위터 계정을 팔로우(follow, 트위터에서 다른 친구를 자신의 관심인으로 등록하는 것)한 뒤 다이소의 이벤트 글을 RT(리트윗)하거나, 미투데이에 미친(미투데이 친구) 신청을 한 후 이벤트 글을 핑백(댓글을 마이미투 포스팅으로 연결하기)하는 방식입니다.
마케팅 1차 효과	다이소의 마케팅 콘텐츠는 검색 포털 사이트의 검색로봇의 수집 대상이기 때문에 검색결과 블로그 검색 탭, 소셜 네트워크 검색 탭과 실시간 검색 탭, 웹문서 검색 탭 등에 노출됩니다.
마케팅 2차 효과	런칭 상품 홍보와 자사 홍보, 그리고 자사 트위터 계정의 팔로우 확보, 미투데이 계정의 미친(미투데이 친구) 등을 확보할 수 있습니다.
마케팅 3차 효과	확보된 팔로우의 팔로우들, 친구의 친구들을 통해 다이소의 '스마트박스' 상품 홍보뿐만 아니라 다이소의 인터넷 쇼핑몰을 알릴 수 있고 지속적으로 신상품 소개 등을 알릴 수 있는 잠재고객들을 확보할 수 있습니다.

터넷 쇼핑몰입니다. 다이소의 이벤트에 관심을 갖는 팔로우와 팔로우의 팔로우들, 미친과 미친의 미친들은 다이소의 블로그나 다이소의 인터넷 쇼핑몰을 방문하게 됩니다. 팔로우의 팔로우들과 미친의 미친들에게 다이소의 정보가 알려지는 핵심은 바로 트위터의 리트윗(RT)과 미투데이의 핑백입니다.

◆ 다이소 인터넷 쇼핑몰 　◆ 다이소 미투데이 　　　　　◆ 다이소 트위터

언론 마케팅

언론사에 노출되는 것만큼 신뢰받을 수 있는 마케팅은 많지 않습니다. 언론은 고객에게 쇼핑몰이 신뢰도를 검증해주는 역할을 해줄 수 있기 때문입니다. 고객이 어떤 제품을 구입하기 위해 쇼핑몰을 방문하는 경우 쇼핑몰의 신뢰도에 따라서 구매 결정률이 달라지는 경우가 많은데, 쇼핑몰이 언론에 노출되었다면 언론으로부터 검증되었다는 느낌을 줄 수 있기 때문에 구매 결정률이 높아지고 매출도 증가합니다.

언론 마케팅 과정을 정리해 보면 다음과 같습니다.
• 기자의 이메일 주소를 수집하고 보도 자료를 꾸준히 발송합니다.
• 중앙지보다는 지역 전문지부터 기사가 실릴 수 있도록 합니다.
• 지역 전문지에 기사가 실리면 검색 포털 사이트의 '뉴스 검색 탭'의 검색 결과에 나타납니다.
• 지역 전문지에서 몇 번의 기사가 실리면 전문가로 인정받게 되고, 조중동과 같은 중앙지에도 기사가 실릴 수 있도록 시도합니다.

◆ 뉴스 검색 탭에 노출된 '겨울패션' 기사

이메일 마케팅

이메일 마케팅이란 이메일로 쇼핑몰의 신상품, 이벤트 등 각종 소식 등을 정기적으로 발송하여 그 이메일을 통해서 쇼핑몰을 방문하고 구매 하는 단골 고객을 만들 수 있는 대표적인 무비용 광고 도구입니다. 스마 트폰의 대중화로 이메일 마케팅의 중요성은 더욱 커지고 있습니다. 카페 24 쇼핑몰 솔루션은 관리자 페이지의 [고객관리]-[메일관리] 메뉴에서 전체 메일 보내기로 회원들에게 메일을 보낼 수 있습니다.

이메일 마케팅은 이메일을 받은 사람들이 열어볼 수 있도록 그리고 받은 이메일을 통해서 쇼핑몰로 방문할 수 있도록 구성 요소의 배치, 문구 선택 등을 잘해야 합니다.

이메일은 무비용으로 쇼핑몰을 직접적으로 홍보할 수 있지만 그 대상이 불특정 다수가 된다면 스팸 메일로 치부되어 버리기 쉽기 때문에 필요한 맞춤 정보를 필요한 사람에게만 정기적으로 보내어 친근함을 줄 수 있어야 합니다. 이는 쇼핑몰의 회원들에게 보내는 이메일뿐만 아니라 네이버나 다음의 카페나 블로그 운영자가 회원이나 이웃들에게 쪽지나 이메일을 보내는 것도 단골 고객을 만드는 효과를 얻을 수 있습니다. 이메일 마케팅은 시간 투자가 많지 않으면서도 효과가 높기 때문에 이메일을 통해서 정기적으로 꾸준히 관리할 필요가 있습니다.

이벤트 마케팅

쇼핑몰에서 신상품을 출시하여 고객에게 선보이거나, 할인 행사의 참여율을 높이기 위해서는 이벤트를 진행해야 합니다. 이벤트는 주기와 시기 등에 따라 다양한 유형의 이벤트를 진행하며 이벤트 진행 방식에 따라서 유료 광고 또는 무비용 광고가 될 수 있습니다.

쇼핑몰 이벤트를 진행할 때는 목적, 대상층, 유형, 제목, 기간, 효과 예측, 효과 측정 등을 통해서 이벤트 결과에 따른 효과를 검증하여 수정한 후 효과를 극대화시킬 수 있습니다.

목적 ➡ 대상층 ➡ 유형 선정 ➡ 제목 선정 ➡ 기간 설정 ➡ 효과 예측 ➡ 효과 측정

◆ 마케팅 진행 절차

쇼핑몰에 이벤트를 기획할 때는 일정한 이벤트 기간을 두고 이벤트에 참여할 수 있도록 유도해야 합니다. 다음은 남성의류 쇼핑몰 오픈 이벤트 기획 및 진행 시 반드시 체크해야 될 항목들을 나열한 표입니다.

◆ 쇼핑몰 제휴 이벤트

구분	체크 항목
목적	• 회원가입을 통한 신규 회원 확보 • 트위터, 페이스북, 미투데이로 소셜 네트워크 마케팅 • 신규 런칭 브랜드의 이미지 각인 • 매출 극대화 기대
대상층	• ○○쇼핑몰 기존 회원 • 블로그 이웃들 • 검색 포털의 블로그 콘텐츠 검색 대상자
유형	• 회원가입 유도 이벤트 • 쇼핑몰 오픈 홍보 이벤트 • 브랜드 런칭 이벤트
제목	• 쇼핑몰 오픈과 브랜드 런칭에 따른 신규 회원에게 주는 해택, 예를 들면 '회원가입 시 적립금 50,000원 지급'이나 '50,000원 상품권 증정' 등과 같이 이벤트 내용을 명확히 전할 수 있는 제목 선정
기간	• 이벤트 기간을 명확히 선정하여 이벤트 예상 비용 측정
효과 예측	• 이벤트에 따른 예상 매출액, 이벤트 비용, 순이익, 신규 회원 수 작성
효과 측정	• 이벤트 비용과 매출 증감 산출 • 순이익과 신규 회원 수 산출
도구	• 쇼핑몰 게시판 댓글 참여 마케팅 • 블로그를 활용한 이웃들에게 입소문 마케팅 • 트위터, 페이스북, 미투데이로 소셜 네트워크 마케팅

◆ 쇼핑몰 오픈 이벤트 기획과 운영 시 체크해야 될 항목들

04 쇼핑몰 리더 4인에게 듣는 쇼핑몰 광고 · 홍보 전략

새로 오픈하는 쇼핑몰들이 꾸준히 늘어나고 경쟁이 치열해짐에 따라 쇼핑몰을 알리는데 소요되는 마케팅 비용의 부담은 커지기 마련입니다. 솔루션을 이용하여 쇼핑몰을 운영하는 대부분의 창업자들은 '쇼핑몰 광고 · 홍보'를 쇼핑몰 운영에 가장 어렵게 생각합니다. 가장 선호하는 쇼핑몰 광고 도구는 '키워드 광고'이고, 쇼핑몰 홍보 도구로는 '블로그, 카페 등 커뮤니티'를 가장 선호하며, 소셜 네트워크 서비스와 모바일 서비스의 비중이 급격히 증가하고 있는 추세입니다.

키워드 광고, 쇼핑 광고, 디스플레이 광고, 입소문 마케팅, 검색등록, 이메일 마케팅, 소셜 네트워크 마케팅, 모바일 마케팅 등 수많은 마케팅

중 "나에게 가장 최적화된 광고·홍보 방법은 어떻게 찾아야 할까요?" 가장 효율적인 마케팅 방법을 찾을 때는 간혹 비용이 무료이냐 유료이냐의 문제를 최우선으로 고려하는 경우가 있는데 이 문제가 마케팅 방법 선택의 전부가 되어서는 안된다는 점입니다. '비용 대비 효과'로 분석해 보아야 내게 가장 효율적인 광고를 찾을 수 있습니다.

유료 광고는 금전적인 문제, 즉 광고비의 효율성을 따져봐야 할 것이고, 무비용 광고는 무비용 광고를 진행하기 위해서 투자되는 시간을 감안해서 따져봐야 할 것입니다. 즉 키워드 광고와 같은 유료 광고와 입소문 마케팅이나 소셜 네트워크 마케팅 등 무비용 광고 중 어느 쪽이 효율적이고 어느 쪽이 비효율적이라고 단정할 수 없다는 의미이며, 우선 나 자신과 고객들의 관심을 파악한 후 최선책과 차선책을 결정한 후 집행하는 것입니다.

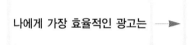

나에게 가장 효율적인 광고는 ➡ **투자 항목 대비 결과를 분석한 후 결정**
• 유료 광고 : 광고비 대비 결과
• 무비용 광고 : 투자 시간 대비 결과

빠른 회전이 요구되는 품목을 판매하고 마케팅 자본에 여유가 있지만 블로그에 포스트(글) 쓰기가 너무 어렵고, 블로그를 운영하기가 너무 어렵다면 키워드 광고, 쇼핑 광고 등과 같은 유료 광고에 집중하는 것이 가장 효율적일 것입니다.

반면 DIY와 같은 취미 활동이 요구되는 품목을 판매하고 마케팅 할 여유 자본이 없지만 카페에 게시글을 쓰고, 카페를 꾸미고 회원들과 대화하는 것을 잘한다면 입소문 마케팅, 소셜 네트워크 마케팅 등과 같은 무비용 광고에 집중하는 것이 효율적일 것입니다.

키워드 광고나 배너 광고 등 유료 광고를 집행하는 경우에도 키워드 광고를 통해 유입된 방문객과 배너 광고를 통해 유입된 방문객의 전환율(구매율)을 단순히 수치상으로 비교하면 당연히 키워드 광고는 배너 광고와 같이 불특정 다수를 대상으로 광고를 노출하는 것이 아닌, 광고주 사이트와 관련된 특정 검색어에 관심이 있는 사용자에게만 100% 타겟팅되어 노출되기 때문에 다른 광고에 비해 광고의 효율성이 매우 높습니다.

그림1은 '임플란트'에 관심있는 고객이 적극적으로 구매 의사를 가지고 검색하는 키워드 광고이고, 그림2는 검색 포털에서 뉴스 기사 페이지에 노출되는 컨텐츠 광고입니다. 즉 네이버 키워드 광고 중 클릭초이스의 컨텐츠 네트워크에 해당합니다. 그렇기 때문에 네이버 클릭초이스 광고 설정 시 컨텐츠 네트워크 영역의 입찰가중치와 입찰단가를 파워링크보다 낮게 설정하고 가중치도 낮게 설정합니다. 광고비 설정은 'Chapter 02_ 키워드 광고 프로세스와 최적화'의 'Lesson 07 광고 등록과 입찰 관리하기'를 참조합니다.

◆ 그림1. 키워드 광고　　　　　　　　　　◆ 그림2. 컨텐츠 광고

성공한 인터넷 쇼핑몰들은 대부분 키워드 광고를 기본으로 쇼핑몰의 특색에 맞는 유료 광고와 무비용 광고를 진행하고 있습니다. 다음은 성공한 인터넷 쇼핑몰들의 CEO들은 쇼핑몰 마케팅 방법을 다음과 같이 이야기합니다.

"울랄라공주 쇼핑몰의 홍보 수단은 키워드 광고에만 전념하고 있습니다. 네이버 카페를 운영하였지만 관리의 어려움이 있어 현재는 운영하고 있지는 않고 있습니다. 블로그나 카페는 만드는 것이 중요한 것이 아니라 매일매일 꾸준히 포스트(글)도 올리고 관리하는 것이 더 중요합니다. 만약 꾸준히 관리하지 못하면 오히려 역효과가 발생하기 때문에 아직은 운영하지 않고 있습니다. 쇼핑몰 오픈 6개월까지는 키워드 광고를 집행할 때와 하지 않았을 때는 큰 폭으로 차이가 발생하였지만, 6개월이 넘어가면서부터는 그 차이가 줄어들기 시작했습니다.

_울랄라공주 박인수 대표"

"설화의 홍보 수단은 키워드 광고입니다. 트위터와 블로그는 설화의 소소한 이야기를 통해서 고객들과의 소통의 공간, 새 소식을 알리는 공간으로 활용하고 있습니다. 하지만 설화 쇼핑몰 내에 공지사항, Q&A, 시안게시판, 후기게시판 등 다양한 커뮤니티 공간을 통해서 고객과 다양한 생각을 공유하고 있습니다.

_설화 이세원 대표"

"빅클럽의 재구매율은 매우 높은 편입니다. 특히 주기적으로 보내는 안부 이메일을 통해서 재구매 발생 비율이 높습니다. 키워드 광고는 신상품 중 검증 받은 상품과 베스트 상품 중심의 렌딩페이지와 매치되는 키워드 전략이 효과적입니다.

_빅클럽 허용성 대표"

"블로그, 트위터, 미투데이 등 소셜 네트워크를 통해서 신제품 입고 소식을 실시간 안내하고 있습니다. 특히 집중적으로 관리하는 것이 '질문 게시판'입니다. 질문게시판은 단발성 이벤트 등으로 충성고객 확보가 쉽지 않다고 판단하여 쇼핑몰 내에 게시판을 운영합니다. 쇼핑몰 내의 악기레슨 게시판 등 다양한 게시판들은 고객들의 만족도와 충성도를 지속적으로 높이데 효과적입니다.

_뮤직메카 허남수 대표"

다음은 분야별 전문쇼핑몰들이 사용하는 쇼핑몰의 주요 홍보 수단과 보조 홍보 수단입니다. 대부분 주요 홍보 수단으로 키워드 광고, 디스플레이 광고 등과 같은 유료 광고를 진행하고 보조 홍보 수단으로 블로그나 카페와 같이 운영자가 직접 시간을 투자해서 관리해야 하는 무비용 광고를 진행하고 있습니다.

업체명	주요 품목	주요 홍보 수단	보조 홍보 수단
스타일난다	여성의류	키워드 광고, 브랜드검색광고, 쇼핑광고, 디스플레이 광고	블로그, 싸이월드, 트위터, 언론홍보
멋남	남성의류	키워드 광고, 브랜드검색광고, 쇼핑광고, 디스플레이 광고	트위터, 페이스북, 미투데이, 언론홍보
큐니걸스	1020대 여성의류	키워드 광고, 쇼핑 광고	블로그, 트위터, 미니홈피, 이메일
울랄라공주	명품속옷	키워드 광고	이메일
뮤직메카	악기 전문	키워드 광고, 질문게시판	트위터, 페이스북, 미투데이, 블로그
설화	답례떡	키워드 광고	페이스북, 블로그, 이메일
빅클럽	빅사이즈 여성구두	키워드 광고	이메일, 관련 블로그 이벤트
소소한딴짓	생활용품	키워드 광고	블로그, 이메일

물론 품목과 상황에 따라 다르겠지만 대부분의 쇼핑몰들은 쇼핑몰의 주요 홍보 수단으로 키워드 광고를 사용하고 있습니다. 특히 쇼핑몰의 규모가 커지면서부터 주요 홍보 수단뿐만 아니라 다양한 보조 홍보 수단도 함께 사용하고 있습니다. 특히 쇼핑몰의 규모가 커지고 자체 생산 또는 자체 브랜드 상품 등을 직접 생산하면서부터 브랜드검색광고, 쇼핑광고 등을 집행합니다. 큐니걸스와 같은 10~20대 여성이 주고객층인 경우는 블로그와 함께 싸이월드의 미니홈피를 보조 홍보 수단으로 적극 활용하고 있습니다.

키워드 광고와 같은 유료 광고는 집행하는 광고비가 많을수록 광고 효과가 높지만 광고비 부담으로 인해 쇼핑몰 오픈 3개월 이후부터 점차적으로 매출액 대비 10% 선에서 집행하고 있습니다. 울랄라공주 명품속옷 쇼핑몰인 울랄라공주의 평균 매출액 대비 25~30% 정도의 광고비를 집행하는데 이렇게 매출액 대비 높은 광고비를 집행할 수 있는 요인은 오프라인 매장을 통한 매출과 도매와 대리점을 통한 매출이 발생하기 때문입니다.

인터넷 쇼핑몰의 유료 광고나 무비용 광고는 매체마다 비용 산정 방식도 상이하게 차이나기 때문에 효율성을 높이기 위해서는 광고의 종류에 대한 특성과 효과를 파악하고 나에게 적합한 광고를 선택하고 집행해야 합니다.

광고 효과를 극대화시키기 위해서는 광고 집행 결과를 철저히 분석해 시행착오를 최소화시켜야 합니다. 마케팅 집행 후 내 쇼핑몰에 유입되는 주고객층을 정확히 파악하고 문제점과 특징을 파악한 후 그에 맞게 상품과 재고를 관리하고 유료 광고와 무비용 광고의 집중도 등을 조절해야 합니다. 이러한 특성을 정확히 파악하기 위한 가장 기초적인 작업이 로그분석입니다. 즉 쇼핑몰에 방문자가 몇 명이고, 언제 방문하여, 무엇을 하고 나갔는지 등을 분석하는 도구입니다. 카페24 관리자 페이지에는 로그분석 기능이 제공되고 있으며, 기능에 따라 유료 서비스도 제공되며 로그분석에 대해서는 앞으로 자세히 설명하도록 하겠습니다.

통합검색 결과로 인터넷 광고 · 홍보 이해하기 02

01 통합검색의 노출 결과와 쇼핑몰 마케팅 전략

　통합검색이란 검색 엔진의 검색 결과를 검색 탭(광고, 블로그, 카페, 이미지, 뉴스...)별로 구분해서 보여주는 검색 서비스입니다. 검색 포털에서 모든 키워드에 대한 통합검색의 가장 위쪽 영역은 키워드 광고가 우선적으로 노출되고 키워드 광고 아래에 무비용 광고(블로그, 카페, 이미지, 뉴스...)가 노출됩니다.

　다음 그림 1은 '식빵' 검색어에 대한 통합검색 결과이고 그림 2는 '식빵피자' 검색어에 대한 통합검색 결과입니다. '식빵' 검색어에 대한 통합검색 결과 페이지의 최상단은 '식빵' 키워드로 등록한 파워링크 광고(❶)들이 노출되지만, '식빵피자' 검색어에 대한 통합검색 결과 페이지의 최상단은 블로그 포스트(❷)가 노출되었습니다.

　즉 '식빵피자' 라는 키워드로 광고가 집행되고 있지 않기 때문에 최상단에 블로그 포스트가 노출될 수 있는 것입니다. 만약 '식빵피자' 키워드로 광고가 집행되고 있다면 최상단은 블로그가 아닌 광고가 노출됩니다.

◆ 그림 1 '식빵' 검색어에 대한 통합검색 결과

◆ 그림 2 '식빵피자' 검색어에 대한 통합검색 결과

정석과 꼼수 통합검색의 검색 탭 노출 순서는 어떻게 정해지나요?

통합검색의 검색 결과를 구성하는 검색 탭의 노출 순서는 검색어에 가장 적합한 순서로 검색 포털에서 자동으로 정렬됩니다. 이는 정확도, 인기도, 최신성 등 다양한 기준의 점수들이 종합되어 반영되기 때문에 검색어에 따라 검색 탭의 순서는 달라집니다. '식빵' 검색어에 대한 통합검색의 검색 탭 정렬 순서는 '이미지' – '블로그' – '어학사전' – '카페'...순이지만 '식빵피자' 검색어 대한 통합검색의 검색 탭 정렬 순서는 '블로그' – '이미지' – '어학사전' – '지식iN' 순입니다. 이처럼 어떤 키워드에 대해 통합 검색의 검색 탭 정렬 순서가 다른 것은 정확도, 인기도, 최신성 등이 반영되어 결정되기 때문입니다. 즉 '식빵' 키워드로 검색한 사람들은 '이미지'에 관심이 많고, '식빵피자' 키워드로 검색한 사람들은 '블로그'에 관심이 많다는 것을 의미합니다.

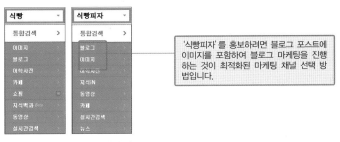

◆ 통합검색의 검색 탭 정렬 순서

02 통합검색의 검색 탭 이해하기

통합검색의 검색 탭

통합검색의 검색 서비스별 특징에 대해서 알아보겠습니다. 다음 그림은 네이버와 다음 검색 창에서 '10대여자가디건' 검색어에 대한 통합검색 결과 화면입니다.

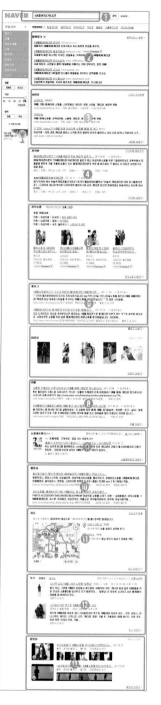

❶ 검색어

어떤 목적에 따라 정보를 검색하기 위해서 사용하는 검색어(단어 및 문장)을 의미하며, '키워드'라고도 합니다. 예를 들어 가디건 상품을 찾는 10대 여성 고객이 '10대여자가디건'란 단어를 검색 창에 입력했을 때 '10대여자가디건'은 검색어 또는 키워드가 됩니다.

❷ 키워드 광고

광고주가 입찰을 통해서 노출되는 키워드 광고 영역으로 네이버에는 클릭초이스(파워링크, 비즈사이트, 모바일 검색)등이 있습니다. 키워드 광고 영역의 노출 순위는 입찰에 의해서 결정됩니다. 노출 결과 중 키워드 광고(❶)를 클릭하면 광고주의 쇼핑몰로 바로 이동합니다.

◆ 키워드 광고 노출과 쇼핑몰 유입

❸ 사이트

네이버, 다음 등 검색 포털에 등록된 사이트를 정확도, 인기도, 최신등록순 등으로 정렬하여 노출시키는 검색 서비스입니다. 예를 들어 검색 창에서 '럭스걸 ❶'을 검색하면 사이트 검색 탭에서 '럭스걸 쇼핑몰 ❷'이 검색되게 하려면 검색 포털의 검색등록 신청 페이지에서 사이트 명을 '럭스걸'로 설정합니다.

검색등록 신청 페이지에서 검색등록 신청해야 합니다. 검색등록 신청 페이지의 각 항목(URL❶, 사이트명❷, 업체정보❸, 지도❹, 분류(카테고리) ❺, 소재문구❻) 등은 다음 그림과 같이 매치되어 사이트 검색 서비스에 표시됩니다.

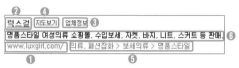

◆ 사이트 검색 서비스의 노출 결과

◆ 사이트 검색등록 페이지의 항목

❹ 지식iN

질문자가 등록한 질문에 대해 답변자는 답변하기 또는 의견쓰기를 할 수 있고, 답변자나 검색자는 답변자의 답변 내용에 대해서 추천하기, 의견쓰기를 할 수 있습니다. 또한 모바일 지식 서비스를 통해서 모바일로 질문하거나 답변할 수도 있습니다. 예를 들어 어떤 질문자가 "10대 스타일을 위한 예쁜 옷 좀 추천해주세요?"라고 질문하면 답변자는 10대를 위한 스타일을 제한하는 답변을 작성합니다. 답변 글이 질문자뿐만 아니라 다른 네티즌들의 마음을 움직일 수 있다면 답변자의 네임카드를 통해서 답변자가 운영하는 쇼핑몰을 방문하게 됩니다.

◆ 지식iN 질문 답변과 네임카드를 통한 쇼핑몰 유입

❺ 지식 쇼핑

상품의 가격을 나열해 소비자가 쇼핑 관련 가격 정보를 조회하고 구매할 수 있는 가격 비교 검색 엔진입니다. 광고주의 인터넷 쇼핑몰과 판매하는 상품을 검색 포털 사이트의 이용자들에게 보여주는 서비스로 네이버에서는 '지식쇼핑', 다음에서는 '쇼핑하우' 라고 합니다.

검색 창에서 '10대여성가디건' 검색어로 검색한 결과 지식쇼핑 검색 결과에 노출된 상품을 클릭하면 해당 쇼핑몰로 이동합니다.

◆ 지식 쇼핑 광고 노출과 쇼핑몰 유입

❻ 블로그

블로그 검색은 검색포털이 블로그의 개별 포스트(블로그의 글)를 수집하여 사용자가 입력한 검색어에 대한 적합성을 고려하여 정확도가 높은 포스트들을 우선적으로 노출시킵니다. 카페 검색 탭과 마찬가지로 블로그 검색 탭도 노출된 순서 중 가장 상위에 노출될수록 클릭할 확률이 높습니다. 블로그 검색 탭에 노출된 포스트로 블로그를 방문한 후 이웃이

되어, 블로그에서 운영하는 인터넷 쇼핑몰까지 방문하게 됩니다. 블로그 포스트를 검색 탭 상위에 노출시키기 위해서는 검색 엔진의 중요도를 판단하는 기준에 적합하게 콘텐츠를 작성해야 합니다.

◆ 블로그 포스트 검색과 쇼핑몰 유입 경로

❼ 이미지

검색엔진이 수집한 카페, 블로그, 뉴스, 웹 등 인터넷 상에 존재하는 다양한 출처의 이미지를 쉽고 빠르게 검색할 수 있는 서비스입니다. 검색엔진은 이미지는 검색할 수 없기 때문에 카페의 게시글, 블로그의 포스트 등을 업로드 할 때 함께 작성하는 텍스트를 검색하여 수집합니다. 그렇기 때문에 카페, 블로그, 미투데이, 페이스북 등에 이미지를 첨부할 때 이미지의 특징을 잘 나타낼 수 있는 키워드를 사용해야 이미지 검색 탭 상위에 노출될 확률이 높습니다. 이미지는 일반 텍스트 콘텐츠보다 판매자의 상품이 갖는 강점이나 전문성 등을 시각적으로 강하게 전달할 수 있는 장점이 있습니다.

◆ 블로그, 카페 등의 이미지 검색과 쇼핑몰 유입 경로

❽ 카페

입력한 검색어에 가장 적합한 순서로 카페명과 카페의 게시글을 노출시키는 서비스입니다. 카페 검색 탭은 검색로봇이 수집한 카페의 게시글 중 검색어에 가장 적합한 순서에 의해서 배열해 노출합니다. 카페 검색 탭에 노출된 순서 중 가장 상위에 노출될수록 클릭할 확률이 높습니다. 검색 탭 상위에 노출시키기 위해서는 검색 엔진의 중요도를 판단하는 기준에 적합하게 콘텐츠를 작성해야 합니다.

◆ 카페 게시글 노출과 쇼핑몰 유입 경로

❾ 소셜 네트워크

로그인한 사용자 직접적으로 관련 있거나 이웃들의 출처(블로그, 카페 등)로부터 정보를 찾아주는 서비스입니다. 기존 검색 요소에 '인맥'이라는 요소를 더해 사람과의 관련성을 높이고, 특히 사용자와 관련 있는 출처로 부터 정보를 찾아주어 신뢰성 있는 정보를 제공할 수 있다는 장점으로 최근 가장 각광 받고 있는 인터넷 쇼핑몰 마케팅 도구 중 한가지입니다.

사람들은 일반적으로 자신의 주변 사람들의 경험이나 정보를 더 신뢰 하고, 관심있는 주제의 전문가들과 관계를 형성하여 양질의 정보를 바로 얻고자 합니다. 이러한 배경을 바탕으로 블로그의 이웃, 카페의 인맥을 활용하여 블로그의 이웃들과 내가 가입한 카페의 글들을 통합검색 영역 에서 한 번에 검색할 수 있습니다.

나의 검색어에 대해 나와 이웃을 맺고 있는 친구가 작성한 모든 블로 그의 포스트, 내가 가입한 카페의 게시물, 미투데이의 친구 등 소셜 네트 워크의 인맥들을 통합검색에서 바로 확인할 수 있습니다. 여러 사람이 동일한 키워드로 검색했더라도 소셜 네트워크 검색 탭의 검색 결과는 모 두 다르게 나타납니다. 즉 내가 가입한 카페, 나와 이웃하는 블로그나 이 웃의 이웃 블로그, 미투데이의 친구나 친구의 친구 글들만 노출되기 때 문에 유입율이 높습니다.

◆ 소셜 네트워크 검색과 쇼핑몰 유입 경로

❿ 웹문서

인터넷 상에는 우리가 운영하는 쇼핑몰부터 카페의 자료, 블로그의 자료 등 수많은 문서들이 존재합니다. 그 수많은 문서를 검색자가 검색한 키워드와 연관성 등을 고려하여 검색 로직을 통해 가장 적합한 결과를 순차적으로 배열 노출합니다.

다음 그림1은 네이버 입력창에서 '예쁜옷 파는 쇼핑몰' 키워드를 입력하여 검색된 웹문서 결과이고, 그림2는 엉클코디 쇼핑몰의 타이틀 키워드와 고객이 작성한 구매후기에 각각 '예쁜옷' 키워드를 사용한 사례입니다. 즉 검색 포털의 검색 로봇(자료를 수집하는 프로그램)은 '예쁜옷', '예쁜', '예쁜옷 파는 쇼핑몰' 키워드로 검색하여 문서를 데이터베이스에 저장해둡니다. 그리고 네이버 입력창에서 '예쁜옷 파는 쇼핑몰' 키워드를 입력하면 '예쁜옷', '예쁜', '예쁜옷 파는 쇼핑몰' 키워드를 검색하여 수집한 웹페이지를 검색 결과로 노출하게 됩니다.

검색로봇이 수집한 웹문서 중 검색어와 매치되는 웹문서를 노출한 사례

◆ 그림 1

쇼핑몰 타이틀 키워드 '예쁜 옷 파는 쇼핑몰'이 검색됩니다.

쇼핑몰의 구매자가 작성한 사용후기의 '예쁜옷' 키워드가 검색됩니다.

◆ 그림 2

⑪ 지도

언론사 뉴스를 실시간으로 통합 검색할 수 있는 서비스입니다. 사이트 검색등록 페이지에서 입력한 업체 주소와 업체명을 토대로 검색자가 검색한 검색어와 위치가 매치되는 곳을 노출시킵니다. 이 서비스는 의류 매장, 병의원, 서비스업, 요식업 등 매장을 함께 운영하는 쇼핑몰이나 사이트에 유리합니다.

⑫ 뉴스

언론사 뉴스를 실시간으로 통합 검색할 수 있는 서비스입니다. 일간지, 방송/통신, 경제/IT 관련, 인터넷 신문, 스포츠/연예, 지역신문, 매거진, 전문신문 등 국내 200여 개 언론사의 각종 뉴스를 실시간으로 노출하는 검색 서비스입니다. 언론에 나오는 것만큼 신뢰받을 수 있는 마케팅은 많지 않습니다. 그래서 수많은 쇼핑몰이나 홈페이지 등은 언론 마케팅을 꿈꾸고 있습니다. 언론 마케팅을 하기 위해서는 우선 보도 자료를 작성한 후 관련된 기자의 이메일 주소를 수집하여 보도자료 첨부 메일을 발송한 후 기사가 채택되어야 합니다.

조선, 중앙, 동아일보나 방송3사를 통해서 노출되면 좋지만 처음에는 검색 포털 사이트에서 서비스되고 있는 지역신문이나 전문지 등부터 시도하는 것이 기사가 채택될 확률이 높습니다. 뉴스 검색 코너의 노출은 대형 언론사의 기사를 우선 노출되지 않습니다. 기사의 제목과 기사의 내용이 검색한 키워드와 관련성이 있는지에 따라 결정됩니다. 그렇기 때문에 굳이 대형 언론사부터 시작할 필요는 없고 지역신문부터 시작하는 손쉬운 방법입니다.

네이버의 뉴스 검색 코너에서 '언론사 선택 ❶'을 클릭하면 네이버에서 검색될 수 있는 제휴 언론사를 확인할 수 있습니다. 보도 자료를 보낼 때는 이 중 관련된 여러 곳을 선정하여 동시에 보내거나 몇일 사이를 두고 순차적으로 진행합니다.

◆ 뉴스 검색 탭과 네이버 언론사

⑬ 동영상

검색로봇이 수집한 카페, 블로그 등에 존재하는 동영상을 쉽고 빠르게
검색할 수 있는 서비스입니다. 검색로봇은 이미지와 마찬가지로 동영상
그 자체는 검색할 수 없기 때문에 카페, 블로그, 동영상 서비스 업체 등
에서 콘텐츠를 업로드 할 때 작성하는 키워드를 검색하여 매치되는 동영
상의 정보를 수집합니다. 카페, 블로그 등에 동영상을 첨부할 때 동영상
의 특징을 잘 나타낼 수 있는 키워드를 사용해야 이미지 검색 탭 상위에
노출될 확률이 높습니다. 동영상은 이미지와 마찬가지로 일반 텍스트 콘
텐츠보다 판매자의 상품이 갖는 스타일, 제품의 특징 등을 시각적으로
전달할 수 있습니다.

◆ 블로그, 카페 등에 포함된 동영상 노출과 쇼핑몰 유입 경로

03 / 통합검색으로 살펴보는 검색 엔진 마케팅과 최적화

검색 포털 사이트의 검색 엔진에 '10대여성의류쇼핑몰추천' 키워드를
검색했을 때 통합검색의 유료 광고와 무비용 광고가 모두 한 페이지에
노출된 결과 화면입니다. 유료 광고 영역인 스폰서링크, 파워링크, 플러
스링크가 가장 상단에 노출됩니다. 이 영역에 노출하기 위해서는 검색
키워드에 대해 일정 금액을 지불해야 합니다. 그 아래 지식iN, 블로그,
웹문서 검색결과 등의 영역은 광고 영역과는 구별되는 비광고 영역, 즉

무비용 광고 영역입니다.

검색 포털을 이용하는 사용자들은 검색결과 페이지 상단 좌측을 중심으로 각 검색 탭별 F자 형태로 결과를 훑어보게 됩니다. 사이트를 알리고자 하는 사람들은 자신의 사이트가 검색결과 상단에 있을수록 사이트 방문의 기회가 높아진다는 가정 하에 검색 알고리즘에 맞춰 컨텐츠(쇼핑몰 타이틀 태그, 쇼핑몰 제목, 쇼핑몰 구조 등)를 개선하여 보다 유리한 위치에 자신의 사이트 정보, 블로그, 카페, 지식iN 등이 검색결과로 노출될 수 있도록 다양한 노력을 기울이는데 이것을 '검색 엔진 최적화 (SEO, Search Engine Optimization)' 라고 합니다.

사용자가 검색창에 입력할만한 키워드를 구매하여, 검색 결과 내 유료 광고 영역의 지정된 곳에 쇼핑몰을 노출하는 것을 '검색 엔진마케팅 (SEM, Search Engine Marketing)' 이라 합니다. 검색 엔진 마케팅은 광고비를 지불하고 광고영역에 노출하는 것이고, 검색 엔진 최적화는 검색 엔진이 운영자의 사이트, 블로그, 지식iN 등의 자료를 잘 수집하여 무비용 광고 영역에 잘 노출될 수 있도록 하는 작업입니다.

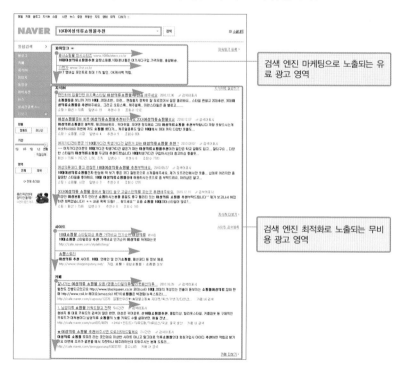

검색 엔진 마케팅으로 노출되는 유료 광고 영역

검색 엔진 최적화로 노출되는 무비용 광고 영역

검색 엔진 마케팅(SEM)과 검색 엔진 최적화(SEO)는 검색 엔진의 작동 방식을 이용하여 키워드를 통한 검색 결과에 잘 노출 될 수 있게 작업하는 것이 공통된 내용입니다.

항목	SEM	SEO
정의	키워드를 구매하는 유료 광고	알고리즘에 맞는 컨텐츠제작 및 최적화
주요 도구	키워드 광고	블로그, 싸이월드 미니홈피, 사이트 구조
순위 결정	입찰가, 광고품질(관련성)	관련성, 인기도, 신뢰성, 최신성
필요한 작업	전략적인 키워드 선정과 광고문구 구성 • 순위선택 • 예산/입찰관리 • 지표관리(CPC, CTR, ROI등)	• HTML작업 • 페이지 내 키워드 배치 • 링크 인기도 강화
단점	• 비용이 많이 소요됨 • 광고 영역 제한 • 가이드라인 적용	• 시간이 많이 소요(최소 6개월) • 어려운 검색알고리즘의 이해 • 사이트 개편 시 재작업 • 효과측정 어려움
장점	• 상대적으로 짧고 쉬운 작업 • 즉각적인 효과 • 효과측정 가능 • 트래픽 및 성과증대에 효과적	• 상대적으로 적은 비용 • 장기적, 지속적인 효과 • 상대적으로 표현이 자유로움
속성	• 판매속성 • 단기 및 탄력적 전략	• 홍보속성 • 중장기전략

◈ SEM과 SEO 비교

 통합검색의 노출 순위 기준 항목

검색 탭 영역은 대부분 정확도를 가장 높은 노출 순위 항목으로 기준합니다. 하지만 정확도가 검색 상위 노출 결정에 어느 정도 비중을 차지하는지 그 비율은 검색 포털 사이트의 핵심 기술이기 때문에 정확히는 알 수는 없지만 노출 순위에서 나타나는 일정한 규칙들을 파악하면 누구나 자신의 콘텐츠를 검색 상위에 노출시킬 수 있습니다.

검색 엔진 등록하기

01 검색 엔진 등록이란

검색 엔진 등록이란 네이버, 다음 등 검색 포털에 쇼핑몰을 등록하는 것입니다. 검색 엔진 등록은 쇼핑몰을 만든 후 유료 광고와 무비용 광고 등 전체 광고 중 가장 먼저 선행해야 되는 기본적인 마케팅 방법입니다.

검색 포털에 쇼핑몰을 등록하면 검색한 결과에 따라 사이트 URL과 정보가 사이트 탭에 노출됩니다. 쇼핑몰을 검색 엔진에 등록하는 것은 인터넷 마케팅의 출발이며, 쇼핑몰의 특성과 잘 매치되는 카테고리와 키워드를 선별하여 등록하면 무비용의 유용한 마케팅 도구가 될 수 있습니다.

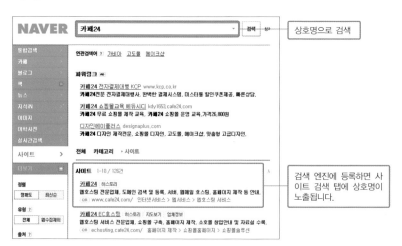

02 / 검색 엔진 선택하기

국내 검색 엔진에는 네이버, 다음, 네이트, 구글코리아 등이 있습니다. 여러 검색 엔진 가운데 어떤 검색 엔진에 내 쇼핑몰을 등록해야 할까요? 답은 매우 간단합니다. 내 쇼핑몰로 더 많은 방문자를 보내줄 검색 엔진을 선택하면 됩니다. 검색 엔진 등록은 심사를 거친 후 등록되는데 대부분 무료이며 가능한 많은 곳에 등록하는 것이 노출 기회가 많아집니다.

검색 엔진 등록 심사 시 쇼핑몰의 완성도가 중요한 사항으로 취급받기 때문에 판매 상품의 숫자가 20개 이상이어야 합니다. 쇼핑몰 이름으로 일반·고유명사를 사용하는 경우가 있는데 사업자등록증과 일치하지 않으면 등록 심사를 통과하기 어렵습니다.

인터넷 트렌드(trend.logger.co.kr)와 같은 분석 사이트를 이용하면 검색 엔진의 점유율을 확인할 수 있습니다. 검색 엔진의 점유율은 네이버, 다음, 구글, 네이트 순으로 이들 4곳의 점유율을 합하면 거의 100%에 가깝기 때문에 4곳만 등록해도 충분합니다.

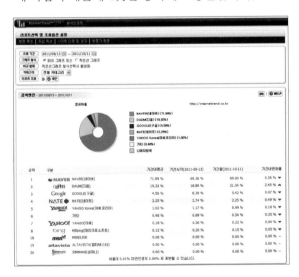

 사이트 노출 순위

사이트 노출 순위는 검색 포털 측에서 심사를 통해 사이트 활성화 여부와 연관 키워드의 적합성을 고려하여 노출 여부와 노출 순위를 결정합니다.

03 검색등록하기

검색 엔진 검색등록 신청 페이지에서 사이트 검색등록을 신청합니다. 검색등록 신청 페이지의 각 항목(URL❶, 사이트명❷, 업체정보❸, 지도 ❹, 업종 분류❺, 소개문구❻ 등)은 다음 그림과 같이 매치되어 사이트 검색 서비스에 표시됩니다.

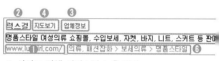

◆ 사이트 검색등록 페이지의 항목　　　　◆ 사이트 검색 서비스의 노출 결과

쇼핑몰을 검색 포털의 사이트 영역에 노출시키기 위해서는 네이버는 네이버 검색등록 신청 페이지(https://submit.naver.com), 다음 (Daum)은 다음 검색등록 신청 페이지(https://register.search.daum. net)에서 등록 절차에 따라 검색등록을 신청해야 합니다. 등록 신청 완료 후 검색 포털에서 심사를 거쳐 등록 여부를 이메일과 문자 메시지로 통보 받을 수 있습니다.

01 네이버 검색등록 신청 페이지(https://submit.naver.com)에 접속한 후 [신규등록] 버튼을 클릭합니다.

02 [등록신청] 버튼을 클릭합니다.

네이버 무료 검색등록은 홈페이지와 업체 모두 노출, 업체만 노출, 홈페이지만 노출, 모바일웹 노출 등 4가지 유형이 있습니다.

03 로그인 페이지에서 네이버 아이디와 비밀번호로 로그인합니다.

04 약관 동의 체크 후에 [확인] 버튼을 클릭합니다.

05 쇼핑몰 주소와 대표 전화번호를 입력하고 [중복확인] 버튼을 클릭한 후 [신규등록신청] 버튼을 클릭합니다.

06 쇼핑몰의 기본 정보와 소재문구 등을 입력한 후 [확인] 버튼을 클릭 합니다. 등록 신청 후 최소 3~5일 이내 심사를 거친 후 등록이 완료 됩니다.

 검색등록 최적화

검색 엔진마다 검색등록 심사 기준과 주제를 분류하는 디렉토리가 조금씩 다릅니다. 불법프로그램을 통한 자동 등록할 경우 심사에서 거부될 수 있기 때문에 반드시 수동으로 사이트의 성격을 잘 나타내는 카테고리와 설명문구를 정확히 작성합니다. 또한 심사 도중 설명문구가 심사 기준에 따라 변하는 경우가 있는데 반드시 모니터링하여 사이트의 의도와 맞지 않는 경우 수정신청을 통해 조율해야 합니다. 만약 조율하지 않으면 고객들이 사이트의 틀린 정보를 보거나 고객 유입율이 떨어질 수 있습니다.

키워드 광고기초

01 키워드 검색과 적중률

키워드 광고를 제대로 집행하기 위해서는 광고에 사용하는 키워드의 목적을 정확히 파악할 수 있어야 효율성을 높일 수 있습니다.

검색포털에서 '후드티'를 검색하는 여러 사람들이 있다면, 이들의 검색 목적은 무엇일까요? 아마도 다음 항목 중 한 가지 목적을 가진 사람일 것입니다.

| 후드티 | ▼ | 검색 |

- 후드티를 구입하려는 사람
- 후드티 스타일, 코디가 궁금한 사람
- 후드티 트렌드를 알아보려는 사람
- 어떤 종류의 후드티가 있는지 알아보려는 사람
- 후드티 키워드로 광고하는 업체들을 벤치마킹하려는 동종업체 마케터나 운영자
- 후드티를 판매하려는 유통업체나 제조업체의 담당자
- 후드티에 관한 자료를 수집하는 관련업체 사람이나 학생

여러 목적의 사람들은 크게 정보를 습득하기 위한 사람과 쇼핑을 목적으로 하는 사람으로 분류할 수 있습니다. 정보 습득을 목적으로 하는 사람에게 쇼핑 정보를 제공하는 것은 물건을 팔려고 강요하는 것으로 오인할 수 있습니다.

키워드 광고는 검색포털에서 특정 키워드를 검색한 사람들에게 자신의 상품, 쇼핑몰, 서비스 등을 노출시키는 광고 기법입니다. 키워드 광고를 집행할 때는 광고에 사용할 키워드를 검색하는 사람들의 검색 목적을 파악한 후 진행하면 적중률을 높일 수 있습니다.

키워드 광고를 진행하기 위해서는 상품 특성과 구매자들의 구매 및 상품 검색 특성을 분석한 후 분석 결과에 매치되게 키워드의 세분화 작업이 선행되어야 합니다.

예를 들면 10대여성들을 고객으로 체크무늬 후디티를 판매한다면 '후드티' 키워드 보다는 '10대여성후드티', '체크무늬10대여성후드티' 등과 같이 대상의 구매목적에 맞게 세분하면 적중률이 높아집니다.

02 키워드 구분

키워드는 대표 키워드와 세부 키워드로 구분할 수 있습니다.

키워드 종류	의미
대표 키워드	조회수가 많고 포괄적인 의미를 담고있는 키워드입니다. 정보 검색단계에서 많이 사용되므로 구매전환율은 세부키워드에 비해 떨어지는 편입니다. (예. 10대쇼핑몰, 여성의류쇼핑몰, 명품스타일여성의류, 양악수술, 임플란트)
세부 키워드	조회수가 적고 대표 키워드보다 구체적인 의미를 포함하는 키워드입니다. 상품 구매 단계에서 많이 사용되므로 구매전환율은 대표키워드에 비해 높은 편입니다. (예. 예쁜학생가방, 여자야상싼곳, 학생신발추천, 양악수술 후 교정비용, 잇몸치료 잘하는 치과)

◆ 키워드 종류와 의미

의류 쇼핑몰에서 주로 사용하는 키워드 유형을 구분해 보면 다음과 같습니다.

키워드 유형	설명
상호 키워드	쇼핑몰 상호의 경우에는 일종의 브랜드 효과를 기대할 수 있기 때문에 많은 광고비를 사용하고 있습니다. 타 업체 상호의 경우 10대 여성의류(예. 소녀나라, 고고싱, 미쳐라)와 남성정장 쇼핑몰(예. 스타일옴므, 유로옴므)처럼 특화된 경우에는 비슷한 카테고리의 업체 상호를 이용해서 광고합니다. 의류인 경우에는 비슷한 카테고리뿐만 아니라 같은 연령대의 다른 유명 쇼핑몰 상호도 많이 이용합니다. 특히 스타일난다, 키작은남자 등의 상호 키워드는 많은 업체에서 사용합니다.

키워드 유형	설명
상품 키워드	원피스, 레깅스, 자켓, 가디건, 야상, 체크남방, 코트, 남성정장 등 각 의류 카테고리별, 시즌별로 중요한 상품 대표 키워드와 상품 세부 키워드입니다.
스타일/쇼핑몰 키워드	10대쇼핑몰, 10대 남자쇼핑몰, 남자쇼핑몰, 여성의류쇼핑몰, 명품스타일여성의류쇼핑몰, 트레이닝복쇼핑몰 등 주요 고객의 연령대나 스타일이 포함된 키워드입니다.

 연관검색어와 비즈니스 키워드

연관검색어는 모든 분야에서, 특정 단어 이후 연이어 많이 검색한 검색어를 노출함으로써 이용자들의 검색패턴을 보여 주는 것인 데 반해 추천비즈니스 키워드는 비즈니스 연관 분야에서, 이용자의 검색 의도를 파악하여 특정 키워드를 입력한 이용자가 궁금해할만한 검색어를 노출해 주는 것으로, 그 성격과 방식이 차별화된 서비스입니다.

◆ 연관 검색어   ◆ 추천비즈니스 키워드

03 키워드 세분화 전략

세부 키워드를 만들 때 카테고리 이름 또는 품목명을 활용하는 방법, 상품명을 활용하는 방법, 스타일 또는 코디를 활용하는 방법, 타깃이나 연령대를 활용하는 방법, 'ㅇㅇ쇼핑몰'과 같이 쇼핑몰 키워드를 혼합해서 사용하는 방법, 브랜드명을 활용하는 방법, 시즌 또는 트렌드를 활용하는 방법, 사이즈를 활용하는 방법, 검색자의 키워드 패턴이나 트렌트 키워드를 활용하는 방법 등과 같이 키워드를 최대한 세분화시킨 후 선별하여 이용합니다. 의류 쇼핑몰의 최상위 키워드는 '의류'입니다. '의류'라는 대표 키워드에서 다음 표와 같이 '품목', 'ㅇㅇㅇ쇼핑몰', '스타일 & 코디', '브랜드', '시즌&트렌드' 등과 같은 형태로 구분하여 확장 키워드 전략을 세울 수 있습니다.

쇼핑몰 분류	확장 분류	1차 확장 키워드	2차 확장 키워드
여성의류	품목	쉬폰블라우스	예쁜 쉬폰블라우스 쇼핑몰
	스타일&코디	섹시스타일	섹시한클럽원피스
		~ 코디	가오리야상코디
	타겟&연령대	미시옷	30대럭셔리미시옷
		커플티	라운드커플티
	○○쇼핑몰	여성의류쇼핑몰	인기연예인스타일쇼핑몰
	브랜드	나이키반바지	나이키반바지싸게파는곳
	시즌&트렌드	여성비키니	수입섹시비키니
		패딩	몽클레어패딩야상
	사이즈	빅사이즈원피스	77사이즈쉬폰원피스
			빅사이즈여자롱원피스

다음은 위 표와 같이 상품을 분류하는 카테고리 이름을 확장 키워드로 활용한 시례입니다.

대표 키워드	확장 키워드
스커트	롱스커트
수영복	비키니수영복
블라우스	쉬폰블라우스
원피스	쉬폰원피스

다음은 쇼핑몰의 상품명이나 상품의 특징 등을 확장 키워드로 활용하는 방법입니다.

대표 키워드	확장 키워드
스커트	실크롱스커트
수영복	섹시비키니수영복
블라우스	리본쉬폰블라우스
원피스	화이트쉬폰원피스

다음은 검색자의 키워드 패턴이나 유행하는 트렌드를 활용하는 방법입니다. 즉 최근 유행하는 패션 트렌드를 반영하거나 인기 있는 키워드를 반영하여 키워드를 선택합니다. 2012년 여름 바캉스 패션 트렌트는

맥시드레스(롱드레스)였습니다. 맥시드레스를 확장 키워드로 활용해보겠습니다.

대표 키워드	1차 확장 키워드	2차 확장 키워드
드레스	맥시드레스	에스닉한맥시드레스
		그레이톤맥시드레스
		꽃무늬패턴맥시드레스

 나의 쇼핑몰 속에 숨어있는 키워드 찾기

키워드 광고 및 홍보용으로 사용할 대표 키워드와 세부 키워드들은 내가 만든 의류 쇼핑몰 속에서도 찾을 수 있습니다. 키워드 광고를 집행할 때 어떤 키워드를 선정하느냐에 따라 광고 효과는 물론 구매 전환율과 직결되기 때문에 고심하고 또 고심해야 하는데 나의 쇼핑몰 속에서 카테고리명, 상품사진 촬영지 및 지역명 키워드, 상품 설명 속 키워드, 상품 특징을 나타내는 키워드 등을 통해서 세부 키워드나 확장 키워드를 찾을 수 있습니다.

04 키워드 광고의 원리 이해하기

키워드 광고는 네이버, 다음 등 검색사이트에서 특정 키워드(❶)를 검색한 사람들을 대상으로 광고주의 쇼핑몰이 노출(❹)되도록 하는 광고 방법입니다. 검색을 통해서 광고가 진행되기 때문에 '검색 광고'라고도 합니다. 배너 광고(❷, ❸)는 검색 포털 사이트를 방문한 모든 방문자에게 광고를 노출한다는 점에서 매우 공격적이고 브랜드 광고 효과가 높은 광고라 할 수 있습니다.

반면 키워드 광고는 검색창에서 특정 키워드(❶), 예를 들면 아웃도어 키워드를 검색했다면 검색한 사람들에게만 광고가 노출(❹)되기 때문에 디스플레이 광고와는 비교되지 않을 정도로 광고의 적중률이 높습니다. 또한 'K2아웃도어', '고어텍스등산화'와 같이 특정 회사 또는 특정 기능의 상품을 검색한 사람에게만 광고를 노출할 수 있도록 세분화된 마케팅이 가능하기 때문에 광고 적중률이 높습니다.

◆ 디스플레이 광고   ◆ 키워드 광고

키워드 광고는 광고주가 광고 집행 시 작성한 키워드(❷)와 광고 문안
의 키워드(❸)가 검색자가 입력한 키워드(❶)와 매치되면 순차적으로 노
출됩니다. 노출 순위가 높을수록(❹) 클릭률과 광고 효과가 높기 때문에
광고 가격이 높아집니다.

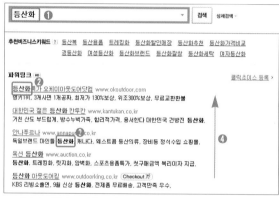

◆ 네이버 파워링크 키워드 광고 노출 순위 사례

키워드 광고의 특징

키워드 광고는 크게 3가지 특징을 가지고 있습니다.

❶ 광고 대상을 세분화할 수 있습니다

키워드 광고는 유료 광고 기법 중 대상을 가장 세분화시킬 수 있는 광
고입니다. 검색 포털에서 고객이 상품에 대한 다양한 정보를 얻기 위해

어떤 키워드를 검색할 경우 검색 결과에 광고주 쇼핑몰의 URL주소, 쇼핑몰을 소개하는 간단한 설명문구 등을 제공함으로써 구매 가능성이 높은 고객만을 쇼핑몰로 유입시킬 수 있습니다.

❷ 클릭률이 높습니다

클릭률이란 광고주의 광고를 클릭하여 쇼핑몰을 방문한 비율을 의미합니다. 검색 포털의 메인 페이지에 노출되는 디스플레이 광고는 그 어떤 광고보다 많은 사람들에게 노출됩니다. 하지만 인터넷 광고는 '얼마나 많은 사람들에게 노출되는가?' 못지않게 '얼마나 많은 사람들이 클릭했는가?' 역시 중요한 판단 기준이 됩니다.

키워드 광고의 평균 클릭률은 4~10%로 세부 키워드일수록 클릭률이 높고, PC보다 모바일 키워드 광고의 클릭률이 높습니다. 디스플레이 광고는 품목과 배너 유형에 따라서 크게 차이가 발생하면 평균적으로 0.01~0.05% 정도이고, PC 디스플레이 광고보다 모바일 디스플레이 광고의 클릭률이 높습니다. 즉 광고를 클릭하는 클릭률 측면에서 키워드 광고는 그 어떤 광고보다 경쟁력이 높습니다.

디스플레이 광고는 상대의 입장과 무관하게 광고가 노출되지만, 키워드 광고는 특정 목적을 가지고 키워드를 검색한 사람들에게만 광고가 노출되기 때문에 그 만큼 클릭률이 높습니다.

❸ 최소의 운영자금으로 광고 집행이 가능합니다

키워드 광고, 디스플레이 광고, 이미지 광고, 브랜드 검색 광고 등 다양한 유료 광고들 중에서 가장 최소의 비용을 광고를 집행할 수 있는 광고가 키워드 광고입니다.

키워드 광고는 하루 광고 예산을 몇 천원에서 몇 만원으로도 설정할 수 있는 광고입니다.

업종별 평균 키워드 광고 예산

키워드 광고는 디스플레이 광고나 이메일 광고보다 늦은 2002년부터 오버추어가 국내에 도입되면서 시작되었습니다. 2004년부터 네이버, 다음, 야후, 네이트 등 주요 검색포털의 검색결과 가장 상단에 노출되면서 본격적으로 성장하였습니다. 늦게 시작되었지만 높은 광고 적중률과 CPC 과금 체계를 내세워 상대적으로 저렴한 비용으로 인해 가파른 성장세를 보였고, 2011년 네이버와 오버추어가 결별하면서 변화가 일어납니다. 현재는 네이버 키워드광고 체계가 높은 시장 점유율과 네트워크 확장으로 성장을 주도하고 있으며, 쇼핑몰 광고주들이 가장 많이 사용하는 광고 상품이 되었습니다.

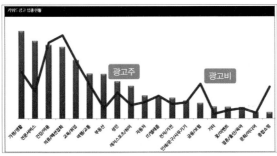

◆ 업종별 광고주와 광고비 비율

클릭초이스 업종현황을 보면 광고주가 많은 업종은 '가정/생활 〉 전문서비스 〉 건강/미용 〉 의류/패션잡화' 순입니다. 광고비가 높은 업종은 '의류/패션잡화 〉 건강/미용 〉 교육/취업 〉 가정/생활' 순입니다. 2011년 2월 전체 광고주 평균값은 다음과 같습니다. 표에서 CPC는 클릭당 지불하는 광고비이고, CTR은 클릭률을 의미합니다.

업종	광고비	CPC	클릭수	CTR	키워드 수
가정/생활	58만원	373원	1,500회	1.8%	127
건강/미용	113만원	947원	1,200회	0.9%	210
결혼/출산/육아	101만원	439원	2,300회	1.5%	187
교육/취업	109만원	974원	1,100회	0.8%	265
금융/보험	279만원	1,629원	1,700회	0.6%	608
레저/스포츠/취미	47만원	263원	1,800회	1.4%	71
문화/미디어	106만원	169원	6,300회	0.8%	334
부동산	25만원	331원	760회	3.0%	68
산업기기	27만원	370원	750회	1.9%	53
식품/음료	36만원	307원	1,200회	1.1%	91
의류/패션잡화	145만원	186원	7,900회	2.1%	247
인쇄/문구/사무기기	100만원	662원	1,500회	1.6%	239
자동차	80만원	392원	2,100회	1.4%	160
전문서비스	37만원	686원	550회	0.9%	77
전자/가전	77만원	474원	1,600회	0.8%	178
IT/텔레콤	116만원	408원	2,900회	0.9%	322

05 키워드 광고 이해하기

키워드 광고는 광고 링크를 클릭하여 쇼핑몰을 방문했을 때만 광고비가 지불되는 '클릭당 과금(CPC : Cost Per Click)' 방식과 일정 금액을 내고 입찰에 참여하여 일정 기간 동안 고정으로 노출하는 '고정 지출(CPT : Cost Per Time)' 방식으로 구분됩니다. 네이버는 2012년 2월 1일부터 CPT 키워드 광고인 타임초이스 광고 서비스가 중지되었으며, 현재는 CPC 키워드 광고 상품인 클릭초이스 중심으로 서비스되고 있습니다.

대표적인 CPC 광고로는 네이버 클릭초이스, 구글 애드워즈, 클릭스 등이 있습니다. 이들은 모두 CPC 광고 상품이지만 광고가 노출되는 방식에는 차이점이 있습니다. 각 광고 상품에 대한 자세한 내용은 'Lesson 05. 광고 상품 이해하기'를 참조합니다.

네이버 클릭초이스는 기본적으로 네이버 통합검색 결과 페이지, 세부 페이지 및 카테고리/컨텐츠 영역 내 '파워링크'와 '비즈사이트' 광고 영역 등에 노출되고 그 외 네이버의 검색 파트너 '다나와', 컨텐츠 파트너인 '미디어잇', '동아닷컴' 등 다양한 매체 내에 광고가 노출됩니다.

네이버에 광고를 집행하기 위해서는 네이버 광고 계정이 별도로 있어야 합니다. 네이버 광고 계정은 네이버 광고주 페이지에서 광고주로 회원가입하면 무료로 만들 수 있습니다. 광고 계정에 대한 자세한 내용은 'Chapter 02. 키워드 광고 프로세스와 최적화'의 'Lesson 02. 계정 만들기'를 참조합니다.

❶ CPC 광고의 특징

첫째, 클릭해야 광고비가 지불됩니다.

CPC 광고의 가장 큰 특징은 검색 결과로 노출된 광고를 클릭해서 광고주의 사이트로 이동해야 광고비가 지불되는 방식입니다. CPC 광고는 충전식 교통카드에 비유할 수 있습니다. 예를 들어 교통카드에 10,000원을 충전하면 이용할 때마다 충전된 금액에서 차감되고, 충전 금액을 모두 사용 후 계속 사용하려면 다시 일정 금액을 충전해야 합니다. 광고 계정에 신용카드 또는 현금 입금 등 결제를 통해 원하는 만큼의 금액을 결제하면 그 금액만큼의 광고를 집행할 수 있습니다.

네이버 키워드 광고를 진행하기 위해서는 비즈머니가 충전되어야 하며, 충전 금액은 1천원 이상 단위로 충전할 수 있습니다. 비즈머니가 충전 되어 있어야 광고의 검수가 진행되고 충전 후 3~5일 이후부터 광고를 진행할 수 있습니다.

◆ 네이버 광고비 충전

CPC 광고를 네이버 파워링크를 이용해서 설명드리겠습니다. 그림과 같이 '블라우스' 키워드에 대한 파워링크 광고 영역에 노출될 수 있는 광고 숫자는 10개 업체입니다. 광고 노출 순위는 순위지수에 의해 결정되며 순위지수는 '최대입찰가×해당 업체의 광고품질지수'로 계산됩니다.

만약 품질지수 4인 최초 광고주가 680원에 입찰을 했다면 순위지수는 2,720원이 되어 두 번째 자리에 노출되고 두 번째 자리의 광고는 3번째 자리로 내려가게 됩니다. 결국 10번째 자리의 광고는 '블라우스' 키워드에 대해 파워링크 자리에 노출되지 않습니다. 이 자리에 다시 노출시키기 위해서는 입찰가를 높여서 순위지수를 높여야 합니다.

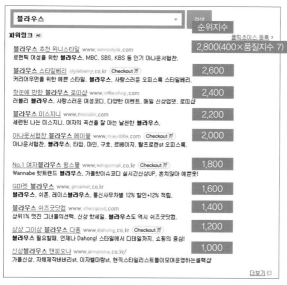

◆ 네이버 파워링크의 광고 위치별 광고비

둘째, 키워드 등록 개수 무제한으로 효율적인 광고 집행이 가능합니다.

CPC 광고는 광고 예산이 적더라도 쇼핑몰의 특성에 맞는 수천 개의 키워드도 운영할 수 있습니다. 다음은 여성 블라우스 전문 쇼핑몰의 키워드 광고 사례입니다. 이 광고는 핵심 키워드인 '블라우스', '셔츠'를 포함하여 100개 키워드를 광고에 사용하며, 한 달 동안의 광고 집행 결과는 다음과 같습니다.

No	키워드	조회 수	클릭 수	클릭률(%)	CPC(원)	총광고비
1	블라우스	18,799	959	5.1	91	87,269
2	쉬폰블라우스	13,865	634	4.6	134	84,956
3	스트라이트셔츠	9,309	307	3.3	103	31,621
4	실크블라우스	2,843	910	3.2	92	83,720
5	차이나셔츠	1,942	270	1.4	82	22,140
55	예쁜블라우스	169	142	15.3	81	420
99	새틴블라우스	6	3	50.0	70	210
100	저지블라우스	3	0	0.0	70	0
합계		47,699	3,225	9.9	90	310,339

'No 99'의 '새틴블라우스' 키워드의 경우 1달간 조회수가 6회이고, 3명이 광고를 클릭하여 총 광고비가 210원 지출되었습니다. 만약 '새틴블라우스' 키워드를 정액제 광고하는 비용이 1주일에 20,000원이라면 한 달(4주일)이면 80,000원입니다. 즉 CPC 광고는 CPT 광고에 비해 약 400배의 효율적인 광고를 얻을 수 있습니다. 이와 같이 CPC 광고는 세부 키워드를 노출시키더라도 실제로 클릭한 숫자에 따라서 광고비가 지불됩니다. 이 처럼 CPC 광고는 세부 키워드를 무제한 등록할 수 있기 때문에 수백에서 수 천개의 키워드 이용하는 것이 일반적입니다.

세부 키워드를 사용하는 이유는 대표 키워드보다 구매전환율이 높고, 어떤 상품이 높은 매출을 올릴 수 있는지에 대한 산출 자료를 만들기가 유리하기 때문입니다. 예를 들어 '자켓'이라는 대표 키워드보다는 '후드자켓', '청자켓', '더블자켓'과 같은 키워드가 방문자 수 대비 구매전환율이 높습니다. 또한 '여성의류쇼핑몰'을 운영하는 경우 특정 상품에 매출이 집중되는 현상이나 어떤 상품이 구매전환율이 높은지 판단하기 위해서 '후드자켓', '청자켓', '더블자켓' 등과 같은 세부키워드는 매우 유용하게 활용될 수 있습니다. 일정 기간 세부키워드로 광고를 집행한 후 구매전환율이나 광고의 효율성이 낮은 키워드에 대해서는 실시간으로 광고 집행을 중지하고, 구매전환율이 높거나 광고 효율성이 높은 키워드를 집중적으로 광고 집행할 수 있습니다.

06 네이버 키워드 광고의 입찰가와 낙찰가 원리

클릭초이스 입찰가와 낙찰가

네이버 클릭초이스 CPC 광고의 입찰가와 낙찰가의 원리에 대해서 알아보겠습니다. 다음은 클릭초이스의 실제 지불 비용 산정 사례입니다.

순위	광고주	입찰가	품질지수	순위지수	실제 지불 비용
1	A	500원	3	1,500	410원
2	B	400원	3	1,200	340원
3	C	400원	2.5	1,000	310원
4	D	300원	2.5	750	210원
5	E	250원	2	500	70원

위 표에서 A광고주와 C광고주의 클릭당 실제 지불 비용은 다음과 같습니다.

A광고주의 실제 지불 비용=(후순위 B의 순위지수/광고주 A의 품질지수)+10=410원

C광고주의 실제 클릭 비용=(후순위 D의 순위지수/광고주 C의 품질지수)+10=310원

정석과 꼼수 검색광고 입찰 용어

- **최대클릭비용(BA, Bid Amount)**
광고가 클릭될 때, 각 키워드에 대해 지불의사가 있는 최대금액을 의미합니다. 광고주는 자신의 예산에 따라 최대클릭비용을 입력함으로써 자신의 노출 순위를 조정할 수 있습니다. 하지만 순위를 결정하는 절대적인 요소는 아닙니다. 예를 들어 '가디건'이라는 키워드에 100원이라는 최대클릭비용을 입력하면 클릭당 100원이 무조건 지불되는 것이 아니라는 의미합니다.

- **품질지수(QI, Quality Index)**
게재된 광고의 품질을 반영하는 지수를 의미합니다. 즉 "키워드 검색을 통한 의도와 요구를 얼마나 잘 나타내고 있는가?"를 반영하여 측정한 척도입니다.

- **순위지수 (RI, Ranking Index)**
'최대클릭비용×품질지수=순위지수'로 순위지수가 높은 순서대로 광고의 노출 순위가 결정됩니다. 즉 순위지수의 조정을 통해 원하는 순위에 광고를 노출할 수 있습니다.

광고 순위 결정 공식 이해하기

클릭초이스 다음과 같은 순위 결정 공식은 '순위 지수=최대 클릭 비용×품질지수' 입니다. 즉, 어떤 키워드에 대해서 최대 클릭 비용을 경쟁 광고주와 동일한 금액으로 입찰했다면, 품질지수가 높은 광고주의 광고가 상위에 노출된다는 것을 의미합니다.

최대 클릭 비용은 광고주 스스로가 입찰한 비용을 의미하며, 실제 지불 비용과는 약간의 차이가 있습니다. 광고주가 광고비로 예상하는 금액 이상의 입찰가로 광고비가 지불되지 않기 위해서 최대 클릭 비용을 설정하는데, 실제 지불되는 비용은 최대 클릭 비용보다 적게 나오는 것이 일반적입니다.

클릭당 지불되는 실제 비용은 '(차순위 광고주 순위 지수÷나의 품질지수)+10원=실제 지불 비용' 이고, VAT는 별도입니다.

순위 결정 공식	실제 지불 비용
순위 지수=최대 클릭 비용×품질지수	(차순위 광고주 순위 지수÷나의 품질지수)+10원=실제 지불 비용(VAT) 별도

즉 품질지수를 높일수록 경쟁 광고주보다 적은 입찰가로 상위에 노출되기 때문에 상대적으로 광고비를 절감할 수 있습니다. 품질지수를 높이는 요인에는 클릭률이 가장 크게 작용합니다.

품질지수는 광고주체(네이버, 오버추어, 다음 등)에 따라 산출 기준이 약간씩 차이가 있습니다. 네이버의 경우 클릭초이스의 품질지수는 광고효과(CTR), 키워드와 광고 문안의 연관도, 사이트와의 연관도 등 사용자 측면에서의 광고 품질 관련 요소를 포함한 지수가 크게 작용합니다. 즉 연관도가 높은 광고가 클릭률도 높기 때문에 결국 클릭률이 높은 광고주의 광고가 품질지수가 높습니다.

품질지수가 높아지면 광고노출 순위가 높아질 수 있고, 지불하는 광고비가 낮아질 수 있으며, 검색 사용자들에게 보다 좋은 검색결과를 제공할 수 있습니다. 자신의 품질지수에 따라 CPC 광고비 차이가 클 수 있으므로 품질지수 관리에 신경 써야 합니다.

네이버 클릭초이스의 품질지수는 7개의 바(bar)로 표현하여 해당 광고의 상대적 품질을 보다 더 직관적으로 제공합니다. 새롭게 진입하는 광고의 품질지수는 기존 품질질수의 절대값으로 표현되어 기준이 없기 때문에 평균값인 4개의 바 (❶) 가 표시됩니다.

 품질지수의 인덱스 바

품질지수의 인덱스 바(▇▇▇▇▇ ▇▇▇▇▇)가 1~2개인 경우 관련 광고들과 비교하여 품질이 좋지 않은 경우이고, 3~4개인 경우 관련 광고들과 비교하여 보통의 품질이며, 5개 이상인 경우 관련 광고들과 비교하여 최상의 품질을 의미합니다.

07 / 키워드 광고의 클릭률 높이는 전략

클릭률을 높이려면 광고를 집행하는 키워드와 광고 사이트의 연관도를 높여야 합니다. 네이버 클릭초이스의 경우 광고를 등록할 때 작성하는 사이트명, 설명문 등에 광고를 집행하는 키워드가 포함시키는 것이 가장 손쉽게 클릭률을 높이는 방법입니다. 또한 광고를 클릭했을 때 연결되는 페이지, 즉 랜딩페이지와 광고와 얼마나 매치되어 고객들에게 만족도를 주는지 등이 유기적인 상호작용으로 품질지수를 결정합니다.

다음 그림은 네이버 클릭초이스 최상단 10개가 노출되는 파워링크 광고의 검색 결과입니다. 검색 결과에서 볼드체의 검색어를 살펴보면 1위부터 8위(❶)까지는 사이트 제목 또는 설명에 '호박고구마' 라는 키워드가 포함되어 있고, 9위(❷)는 '호박' 과 '고구마' 가 떨어져 있고, 10위(❸)는 해당 단어가 전혀 노출되지 않았습니다. 연관도의 핵심이 바로 광고주가 입찰한 키워드와 사이트의 연관성을 의미합니다. 단, 네이버 관리자가 직접 이 연관성을 검색하는 것이 아니라 검색 결과에서 연관성이 높으면 검색한 사람은 자연스럽게 연관성이 높은 광고를 클릭하여 결국 클릭률이 높아집니다. 네이버, 구글, 다음 등 CPC 광고 시 광고를 집행하려는 키워드를 사이트 제목, 설명 등이 포함시키는 것이 광고의 효율성을 높이는 방법입니다.

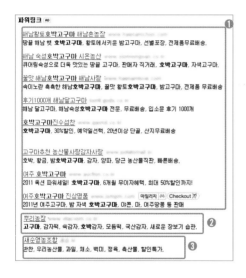

광고 상품 이해하기

01 네이버 검색 광고 상품 이해하기

네이버 키워드 광고에는 광고비의 과금 방식에 따라서 광고 노출기간 동안 클릭이 일어난 횟수에 따라 비용을 지불하는 클릭초이스(CPC)가 있습니다. 네이버 검색 엔진은 자체적으로 광고 솔루션을 구축해 다양한 유형의 광고 상품을 서비스하고 있습니다. 광고 서비스 명칭과 노출 수 및 노출 영역은 네이버의 정책에 따라서 변경될 수 있습니다.

광고 서비스 명칭		최대 광고 노출 수	노출 영역
통합검색	파워링크	10개	통합검색 결과 페이지 최상단에 노출
	비즈사이트	5개	통합검색 결과 파워링크 하단에 노출
SE 검색		5개	네이버 SE검색(http://se.naver.com) 영역에 노출
통합검색 외	검색 탭	3개	통합검색 외 영역의 검색 탭에 노출
	광고 더보기	50개	통합검색 외 영역의 광고 더보기에 노출
	지식쇼핑	3개	통합검색 외 영역의 지식쇼핑에 노출
모바일 검색		3개	모바일 검색(http://m.naver.com) 영역에 노출
검색 파트너		5개	옥션, G마켓, 다나와 등 수많은 네이버 검색 네트워크의 검색 파트너 사이트에 노출
컨텐츠 네트워크		3개	네이버 지식iN 검색 상단과 콘텐츠 하단에 노출, 블로그 검색과 카페 검색 탭 상단과 한경닷컴, 동아닷컴, 블로터 닷넷 등 수많은 네이버 컨텐츠 네트워크의 컨텐츠 파트너 사이트에 노출

◆ 클릭초이스 광고 구분표

파워링크와 비즈사이트

다음은 네이버 검색창에서 '10대쇼핑몰' 키워드를 검색하면 검색 결과에 노출되는 클릭초이스의 파워링크와 비즈사이트 광고입니다.

❶ 파워링크

네이버의 자체 CPC 방식의 광고로 검색 결과에 '1단 : 사이트제목-도메인, 2단 : 사이트 설명문구' 형식으로 노출됩니다. 검색어별로 최대 10위(10구좌)까지 광고 영역을 제공해 인기 키워드의 경우 입찰 경쟁이 매우 치열합니다. 광고 집행과 중단을 실시간으로 진행할 수 있기 때문에 쇼핑몰에서 구매전환율이 높은 키워드를 지속적으로 발굴하여 전환율을 테스트하기에 적합한 광고이며, 광고 예산에 맞게 탄력적으로 운영할 수 있다는 장점으로 초보 광고주뿐만 아니라 수많은 쇼핑몰들이 가장 많이 사용하는 광고 서비스입니다.

사이트 제목 / URL

성공의 첫걸음 카페24 www.cafe24.com

대한민국 40만 창업자의 선택, 호스팅, 솔루션, 디자인 쇼핑몰 통합서비스 제공

설 명

- **사이트 제목** : 쇼핑몰의 특징을 나타내는 제목을 입력하고, 띄어쓰기를 포함하여 15자 이내(쉼표, 마침표 포함)로 작성합니다. '전문', '예쁜', '세련된', '청담동', '럭셔리' 등과 같은 수식 문구를 활용하며, 특수 문자는 사용할 수 없습니다. 구매한 광고 키워드는 1회만 사용할 수 있습니다.

- **설명** : 광고 문구는 대표키워드, 세부키워드, 확장 키워드 등을 포함하여 작성하되 띄어쓰기를 포함하여 45자 이내로 작성할 수 있습니다. 구매한 광고 키워드는 2회까지만 사용할 수 있습니다.

- **URL** : URL은 '표시 URL'과 '연결 URL'이 있습니다. '표시 URL'은 광고하려는 쇼핑몰의 웹 주소, 위 그림과 같이 검색 결과에 보이는 URL이고, '연결 URL'은 검색 결과에 보이지는 않지만 광고를 클릭했을 때 연결되는 쇼핑몰의 주소입니다. '연결 URL'은 '랜딩페이지'라고 합니다. 구매전환율을 높이기 위해서는 키워드 광고와 구매 가능성이 높은 랜딩페이지를 연결시켜야 합니다.

그림1과 같이 검색 결과 하단에서 '더보기(❶)'를 클릭하면 총 50개(50구좌)까지의 광고가 그림2와 같이 자그마한 썸네일 이미지(❷)와 사이트의 부가 정보와 함께 보여주는 '광고 더보기' 광고로 노출됩니다. 광고주의 쇼핑몰 이미지나 상품 이미지 등이 같이 노출시킬 수 있어 브랜드 노출 효과가 있고 트래픽 유도 기능에 비해 단가가 저렴한 편입니다. 하지만 파워링크 광고에서 한 번 더 클릭해야 하기 때문에 클릭 효과가 그리 크지 않은 광고 서비스입니다.

◆ 그림 1. 파워링크 노출 결과

◆ 그림 2. 총 50개까지 노출되는 광고 더보기

광고 집행 기간을 바탕으로 3단계 지수를 반영합니다. 0~3개월까지는 지수가 전혀 없는 상태(❶)이고, 4~9개월은 지수가 1단계(❷)이고, 10~21개월은 지수가 2단계이고, 22개월 이상은 지수가 3단계(❸)입니다.

❷ 비즈사이트

네이버의 자체 CPC 방식의 광고로 검색 결과에 '1단 : 사이트제목-노메인, 2단 : 사이트 설명문구' 형식으로 노출됩니다. 검색어별로 최대 5위(5구좌)까지 광고 영역을 제공하며 파워링크와 함께 키워드 목적에 따라 적절히 혼합하여 사용하면 유리합니다.

사이트 제목	URL

쇼핑몰제작 추천 카페24 echosting.cafe24.com
회원가입만 해도 쇼핑몰이 무료, 40만 창업자의 성공파트너, **쇼핑몰제작 카페24.**
설 명

검색 파트너와 컨텐츠 네트워크

검색 파트너는 옥션, G마켓, 다나와 등과 같은 상품의 가격 정보나 쇼핑 정보 등을 제공하는 사이트 등에 클릭초이스 광고를 노출합니다. 컨텐츠 네트워크는 네이버 지식iN 검색 상단과 콘텐츠 하단에 노출, 블로그 검색과 카페 검색 탭 상단과 한경닷컴, 동아닷컴, 블로터닷넷 등 수많은 네이버 컨텐츠 네트워크의 컨텐츠 파트너 사이트 등에 클릭초이스 광고를 노출합니다.

노출 개수는 노출 영역에 따라 최대 4~7개이며, 노출 형태는 제목, 표시URL, 설명순입니다. 단, 광고 노출 영역, 개수, 형태는 네이버의 제휴 사이트 기준 및 정책에 따라 변경될 수 있습니다. 그림1은 네이버 제휴 사이트인 G마켓 검색창에서 '후드티'를 검색한 결과 페이지 하단의 스폰서링크 영역(❶)에 광고주의 광고가 노출된 사례이고, 그림2는 지식인 검색창에서 '후드티 추천'을 검색한 결과 한 지식인의 글 하단(❷)에 컨텐츠 네트워크 광고를 진행중인 광고주의 광고가 노출된 사례입니다.

◆ 그림 1 검색 네트워크 광고 사례　　　　◆ 그림 2 컨텐츠 네트워크 광고 사례

모바일 검색 배너 광고

모바일 검색 광고와 모바일 배너 광고는 모바일 검색 영역에 노출되는 모바일 광고입니다.

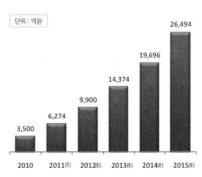

단위 : 억원

3,500 (2010)
6,274 (2011(E))
9,900 (2012(E))
14,374 (2013(E))
19,696 (2014(E))
26,494 (2015(E))

◆ 국내 모바일 쇼핑 시장 규모　　　　출처 : KT경제경영연구소

모바일 쇼핑 시장은 연평균 50% 성장이 기대되며 2012년 1조원을 돌파할 것으로 예상됩니다. 다음은 의류/패션 모바일 사이트 인증 현황 그래프입니다. 전체 사이트 수는 해당 기간 중 노출했던 사이트 수입니다. 누적 인증 사이트 수는 월평균 100여 개씩 증가하고 있습니다.

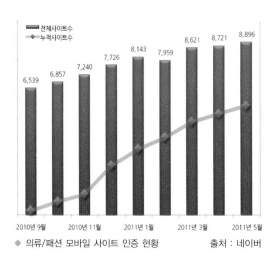

◆ 의류/패션 모바일 사이트 인증 현황 　　　　　출처 : 네이버

의류 패션 업종 모바일 광고 조회수 상위 키워드는 다음과 같습니다.
첫째, 의류패션 전문쇼핑몰 상호로 아우라제이, 스타일난다 등
둘째, 패션관련 일반 검색어로 단발머리, 원피스, 비키니 등

"모바일 광고 조회수/ 통합 검색 광고 조회수' 대비율이 높은 키워드는 커플링전문점, 봄패션, 비키니, 남자향수, 란제리, 클럽의상 등으로 시즌성에 민감하고, 브랜드명, 세부 키워드일수록 모바일 비중이 높습니다. 출처 : 네이버"

노출 가능 광고수가 3개 이상인 키워드 광고에 한하여 모바일 '파워링크' 영역 하단에 '더보기' 링크(❶)가 제공됩니다. 링크 클릭 시 '광고 더보기' 페이지로 연결되어 광고가 추가 노출되며 노출 가능 광고 수 제한 없이 한 페이지 당 15개씩 광고가 노출됩니다. '더보기' 내 광고 노출 순위는 현재 모바일광고 순위 산정 방식과 동일하게 결정됩니다. 모바일

'더보기' 광고에는 PC의 '더보기'와 마찬가지로 '광고 집행 기간' 정보가 추가 노출되며 기준은 PC기준과 동일합니다.

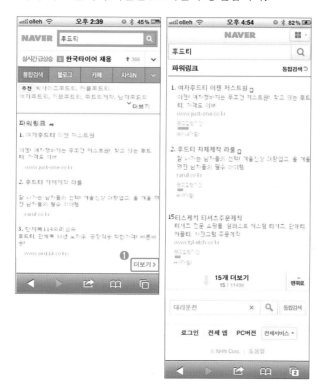

 모바일 광고의 '더보기'

- 모바일 광고 '더보기' 노출 여부를 별도로 설정하실 수 없으며 매체 전략에서 모바일 광고 '노출' 설정한 광고가 모바일 광고 더보기 페이지에 노출될 수 있습니다.
- 모바일 광고 '더보기' 영역에 대한 지표가 별도로 제공되지 않으며 '모바일 광고' 지표에 합산된 값으로 확인하실 수 있습니다.

 모바일 쇼핑몰에서 잘 팔리는 상품

모바일 쇼핑몰에서 잘 팔리는 상품은 일반 인터넷 쇼핑몰에서 잘 팔리는 상품과 차이가 있습니다. 앞으로 모바일 쇼핑 환경이 개선되고 발전한다면 판매 동향이 달라질 수 있겠지만 현재까지의 통계로 살펴보면 무형의 콘텐트, 즉 게임, 캐릭터 같은 아이템, 여행 서비스 상품, 소셜 네트워크를 활용한 할인 쿠폰 등이며, 아직까지는 의류, 전자제품, PC와 같은 유형의 상품은 미비한 수준입니다.

2장

키워드 광고
프로세스와 최적화

키워드 광고 프로세스 최적화

01 키워드 광고 프로세스 최적화와 목표 설정

키워드 광고는 '목표 설정 → 실행 → 추적 및 보고' 라는 3단계 프로세스의 끊임없는 반복입니다. 반복은 '키워드', '광고 문구', '랜딩페이지' 등을 보완 수정 후 최적화된 광고로 재실행되어야 한다는 전제 조건이 있습니다. 즉 '목표 설정 → 집행 → 추적 및 보고 → 재실행 → 추적 및 보고' 와 같이 연속적인 과정으로 진행됩니다.

◆ 키워드 광고 프로세스

❶ 목표 설정

키워드 광고 프로세스에서 3가지 단계는 모두 중요하지만 광고주가 특히 신경 써야 할 부분이 첫 번째 단계인 '뚜렷한 목표 설정' 입니다. 뚜렷한 목표설정 없이 단순히 클릭이 많이 되는 단어를 구매한다거나, 예산만 생각한 광고 집행은 모두 원하는 결과를 얻을 수 없습니다. 목표 설정은 '광고투자수익율(ROAS)은 500%, 광고비는 200만 원 투자, 매출은 500만 원 증가' 식으로 구체적인 목표를 제시할 수 있어야 합니다.

키워드 광고는 전환율을 높여 매출을 증대시키고 회원가입을 유도하여 고객 DB를 확보하거나 브랜드의 인지도, 이벤트 및 프로모션 홍보 등을 목적으로 합니다. 키워드 광고의 목적은 업종마다 각각 다를 수 있지만 대부분의 업종은 다음 표와 같이 구체적인 목적과 목표를 설정하여 운영됩니다.

키워드 광고의 목적	키워드 광고의 목표 사례
전환	• ROAS 300%로 매출 150% 증가 • 신규 회원 가입 200% 증대 • 신규 회원 200명 DB 확보
브랜드 인지도	• 상품, 서비스, 쇼핑몰 브랜드 향상 및 이미지 제고 • 신뢰도 향상
홍보·마케팅	• 쇼핑몰/사이트 방문객 200% 증가 • 이벤트로 1만 명 참여 • 프로모션 홍보로 신규 회원 1만 명 유입과 매출 200% 증가

◆ 키워드 광고의 목적과 목표

❷ 추적 및 보고

키워드 광고 프로세스에서 '추적 및 보고'의 과정은 광고보고서를 철저히 분석하여 효과 측정을 통해 그 결과를 재실행시 반영하는 프로세스입니다. 좋은 광고 방법은 끊임없는 '목표설정 → 실행 → 추적 → 재실행'을 통해서 찾아가는 것이지, 한 번에 딱 좋은 광고 방법을 찾을 수는 없습니다.

광고 효과 측정의 핵심

키워드 검색 광고 프로세스에서 반드시 분석해야 될 항목이 '전환'입니다. 전환의 의미는 광고주가 원하는 고객 행동의 숫자입니다. 고객행동에는 회원가입, 주문서 작성, 게시판 글쓰기, 주문(구매)완료, 전화를 받는 것, 견적의뢰를 받는 것 등 다양하게 지정할 수 있습니다. 일반적으로 쇼핑몰은 주문이 완료된 상태, 즉 구매완료를 전환으로 정합니다. 하지만 다른 목적의 광고라면, 예를 들면 광고의 목적이 회원가입의 극대화라면 회원가입 완료 페이지에 전환코드를 삽입하여 그 성과를 측정하여야 합니다. '전환'의 의미를 정할 때 중요한 항목이 '광고매출'입니다. 일반적으로 광고란 방문자를 증대시켜 주는 것입니다. 하지만 단 한 번의 광고로 인해서 구매전환율과 구매당 단가도 획기적으로 개선되리라고 생각하시는 광고주 분들도 많습니다. 구매전환율과 1건당 구매단가는 쇼핑몰의 경쟁력에 의해서 결정되는 경우가 많습니다. 따라서 광고 진행과 함께 쇼핑몰의 경쟁력을 높이는 활동을 끊임없이 해야 합니다. 1건당 구매단가는 고객이 주문 1건당 평균 구매금액입니다. '=매출/주문 건수'로 계산됩니다.

$$광고매출 = 방문자 \times 구매전환율 \times 1건당\ 구매단가$$

예를 들어 '여성의류'라는 검색어로 광고를 진행하는 상태라면 '여성의류' 검색어로 얼마나 쇼핑몰에 들어왔는지 보다는 얼마나 전환을 했는지가 중요한 광고 효과 측정의 기준이 됩니다. '여성의류' 검색어로 1,000명이 방문했는데 이중 10명이 옷을 구매했다면 전환된 수는 10이고 '여성의류' 키워드의 전환율(=(방문자수÷전환수)×100)은 1%((1,000명 ÷ 10명)×100 = 1%)가 됩니다. 당연히 전환율이 높을수록 광고 효과도 높아집니다.

02 초보 광고주 김대리의 광고 목표 세우기

광고의 목표를 숫자로 명확하게 집행하기 위해서는 ROI와 ROAS를 이해하고 분석해야 합니다. ROI는 투자 대비 이득, 즉 광고이익율(=판매이익/광고비)을 의미합니다. 예를 들어 100만원의 투자비용으로 얼마의 이익을 발생했는가를 의미합니다. ROAS는 광고를 집행할 때 1원의 비용으로 얼마의 매출을 발생시켰는가, 즉 광고 대비 매출 비용(=매출/광고비)을 의미합니다. 광고이익율에는 물건값, 인건비, 시설비 등을 모두 공제해야 되기 때문에 쇼핑몰에서는 ROI보다는 ROAS의 의미로 더 많이 사용합니다. 예를 들어 광고비가 100만원이고 매출이 1,000만원, ROAS는 1000%가 됩니다. ROAS가 1000%라는 것은 광고비 대비 매출이 1000%라는 것을 의미합니다.

다음의 초보 광고주의 대화를 통해 광고 목표를 숫자로 명확하게 정하는 방법을 알아보도록 하겠습니다. 월광고비 100만원에 ROAS 500%로 가정한 대화입니다.

카페24 : 안녕하세요.

김대리 : 네, 안녕하세요. 광고를 진행하려고 하는데 아무것도 모르는 초보입니다.

카페24 : 쇼핑몰은 오픈 하셨나요?

김대리 : 네, 오픈 하였습니다. 주소는 www.oooooo.co.kr입니다.

카페24 : (사이트 확인 후), 남성의류 쇼핑몰이군요. 캐주얼 계통으로 보여집니다.

김대리 : 네. 남성복 캐주얼 전문쇼핑을 오픈 하였는데 어떤 광고를 해야 하나요?

카페24 : 남성의류는 일반적으로 네이버, 다음에 사이트를 등록하고, 키워드 광고를 진행합니다. 네이버와 다음이 무엇인지는 아시죠?

김대리 : 네. 그럼요.

카페24 : 네이버, 다음에 사이트를 등록하는 것을 검색 엔진 등록이라고 합니다. 등록비용은 무료입니다. 네이버는https://submit.naver.com, 다음은 https://register.search.daum.net에서 등록합니다.

김대리 : 키워드 광고는 무엇인가요?

카페24 : 네이버 검색창에서 '남자쇼핑몰' 이라고 검색해 보시겠어요. (검색시기에 따라 결과 값이 다르게 나타날 수 있습니다.) 아래처럼 검색결과가 나오는데 파워링크라고 10개의 광고가 노출되는 상품과 하단에 비즈사이트라고 5개의 광고가 노출되는 상품을 클릭초이스라고 합니다.

김대리 : 키워드 광고 상품이라면 클릭초이스라고 생각해도 되나요?

카페24 : 네. 초보자라면 클릭초이스라고 생각하시면 됩니다.

김대리 : 광고비용은 얼마나 드나요?

카페24 : 클릭초이스는 광고를 보고 한번 클릭할 때마다 비용을 지불하는 CPC(cost per click) 방식의 광고입니다. PPC(pay per click)라고도 합니다. 클릭초이스를 예로 들면 '남자쇼핑몰' 키워드의 CPC는 1~10위 순위에 따라 다르고, 광고주의 품질지수와 입찰에 따라 다릅니다. 따라서 순위별로 차이가 있다라고 생각하시면 이해하기가 쉽습니다. 광고비용이라고 물어보셨는데 월간 광고예산은 얼마로 생각하시나요?

김대리 : 한 달에 100만 원 정도 생각하고 있습니다.

카페24 : 'http://searchad.naver.com/' 네이버 키워드 광고 홈에 접속해보세요. 광고주로 회원가입 후 아이디와 비밀번호를 입력하시고 로그인을 해보세요. '추천 키워드'를 선택한 후 '남자쇼핑몰'을 입력한 후 [검색] 버튼을 클릭해보세요. 또는 '키워드 추천' 메뉴를 클릭합니다.

김대리 : 네. 접속해서 검색을 했습니다.

카페24 : 아래와 같은 결과가 나왔을 것입니다. 검색 시기에 따라 결과 값이 다르게 나타날 수 있습니다.

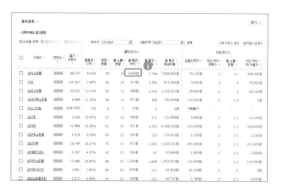

김대리 : 남자 쇼핑몰의 월평균 PPC를 보니 꽤 비싸군요.

카페24 : 확인해 보니 1,009원(❶)이군요. 한번 클릭을 받을 때 평균 1,009
원을 내셔야 한다는 뜻입니다. 1,000원이라고 가정하고 계산하면
월 100만원 예산으로는 1,000 클릭을 받을 수 있습니다. 대략
100만원 광고예산으로 광고를 집행했을때 예상하시는 광고매출은
어느 정도인가요?

김대리 : 대략 1,000만원은 발생하지 않을까요?

카페24 : 1,000 클릭이라는 것이 1,000명 방문을 의미합니다. 방문하신 모
든 분들이 상품을 구매해 주지는 않겠죠?

김대리 : 네, 그렇겠죠.

카페24 : 남성의류 쇼핑몰의 방문객 대비 평균 구매전환비율을 어느정도 된
다고 생각하세요. %로 이야기 해보세요.

김대리 : 약 10% 정도 되지 않나요?

카페24 : 너무 높게 잡으셨습니다. 방문자 대비 구매전환비율을 줄여서 '전
환율'이라고 합니다. 김대리님과 같은 초보 광고주님은 전환율을
1%로 생각하시면 됩니다.

김대리 : 그러면 1,000명 방문에 1%가 구입하기 때문에 10명이 구매하겠네요.

카페24 : 네. 한번 구매할때 구매금액을 1건당 구매단가라고 하는데, 1건당
구매단가를 5만원이라고 가정하면 50만원(=10명×5만원)의 매출
이 발생하게 되는 것입니다.

김대리 : 광고비로 100만원을 지출하였는데 매출액이 50만원이면 손해가
발생하겠군요.

카페24 : 그렇기 때문에 '남자쇼핑몰'과 같은 비싼 키워드는 진행을 하시면
손해를 보실 수 있습니다.

김대리 : 그러면 어떻게 해야 하나요?

카페24 : 쭉 내려 보시면 PPC가 저렴한 키워드들이 있습니다.

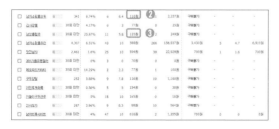

김대리 : 네. 남자쇼핑몰순위(❷), 남성클럽옷(❸) 등이 보이네요.

카페24 : 물론 싸다고 무턱대고 모든 키워드를 광고할 수 없기 때문에 저렴
한 키워드들 중 나의 사이트에서 사용할 만한 키워드들을 등록해서
광고하는 방법이 있습니다.

김대리 : 그렇군요. 그러면 이런 키워드들을 많이 등록해야 되겠네요.

카페24 : 맞습니다. 남성클럽옷 등과 같은 키워드들을 세부키워드라고 하고, 남자쇼핑몰 같은 것을 대표키워드라고 합니다. 세부키워드를 이용해서 평균 CPC 100원으로 방문을 유도하면 100만원으로 한 달에 10,000명이 방문하게 됩니다.

김대리 : 10,000명의 1%면 100명이 구매하게 되고 구매 금액이 평균 5만원의 예상되기 때문에 예상 매출은 500만원이 되는군요.

카페24 : 하하, 이제 저보다 계산을 더 잘하시는데요. 광고비 대비 매출액 비율을 'ROAS'라고 합니다. 앞의 대표키워드로 광고를 한 경우에 ROAS는 50%이고, 뒤의 세부키워드로 광고를 한 경우에 ROAS는 500%입니다.

 광고대행사

광고는 직접 집행하는 것이 바람직하지만 광고를 집행하는 전문 마케터가 없거나 매월 광고비용이 일정 금액 이상일 경우 수정의 광고 대행 비용을 지불하더라도 광고대행사에게 의뢰하는 것이 광고를 효율적으로 관리하고 집행하는 방법입니다. 광고대행사를 선택할 때에는 광고 제안서를 받아보고 광고 담당자와 여러 차례 대화를 통해서 광고 운영 능력을 파악해야 합니다. 광고대행사에 광고를 의뢰하더라도 목표설정을 확실히 하고, 실행 후에는 광고 보고서와 접속통계 등을 체크하여 효율적인 광고 집행을 할 수 있어야 합니다.

03 광고의 효율과 효과

광고를 집행할 때 광고의 효율과 광고의 효과 중에 어떤 것을 택해서 광고를 집행해야 할까요? 다음의 대화를 읽어보신 후 판단해 보시기 바랍니다. 대화 내용에서 전달하고 싶은 메시지는 "효율이 높은 것을 선택한다면 ROAS 높은 선택을 해야 하고, 효과가 높은 것을 선택한다면 매출이익이 높은 것을 선택해야 한다"는 점입니다.

김대리 : 안녕하세요. 카페24님. 최근에 광고예산을 늘리면서 어떤 키워드를 어떤 순위로 입찰을 할지에 대해서 많이 고민이 되네요.

카페24 : 어떤 기준으로 광고순위를 결정하시나요?

김대리 : ROAS가 높을 것이라고 생각되는 키워드의 순위로 입찰합니다.

카페24 : 그렇군요. 예산은 어떤 정도로 생각하고 계시나요?

김대리 : 경쟁사들의 자료들을 검토한 결과 월 예산 434만원으로 진행하려고 합니다.

카페24 : 그러면 예상 키워드 순위별 자료를 다시 한 번 살펴보도록 하죠.

키워드	광고순위	입찰가	노출수	클릭수	광고비	매출	ROAS
여성정장	1	430	9,361	4,200	1,806,000	4,515,000	250
	3	360	9,361	1,800	648,000	1,944,000	300
	5	320	9,361	1,300	416,000	1,372,800	330
	7	270	9,361	880	237,600	807,840	340
	9	230	9,361	600	❶ 138,000	❸ 510,600	370
블라우스	1	390	26,074	6,500	2,535,000	7,605,000	300
	3	290	26,074	2,800	812,000	2,598,000	320
	5	260	26,074	2,000	520,000	1,768,000	340
	7	240	26,074	1,400	336,000	1,176,000	350
	9	220	26,074	920	❷ 202,400	❹ 728,000	360

카페24 : 만약 효율성만 고려한다면 여성정장 9순위와 블라우스 9순위가 되겠네요. 그러면 예상 광고비는 340,400원(❶+❷)이 지출되고 예상 매출은 1,239,240(❸+❹)원이 되어서 예상 ROAS는 364%가 됩니다. 혹시 판매하시는 상품의 매출이익률이 얼마나 되죠?

김대리 : 네, 40%정도는 된다고 생각됩니다.

카페24 : 매출 이익률이 40%이면 이익이 '0'이 되는 ROAS는 250%입니다. 예상 ROAS가 364%일 때의 매출 이익이 얼마인가요? 예상 매출은 1,239,240원이고, 이 금액의 40%가 되겠네요.

김대리 : 495,696원 이네요.

카페24 : 만약 여성정장 1위 자리에 블라우스 1순위로 광고를 하면 광고비, 매출액, ROAS와 매출이익이 얼마가 될까요?

김대리 : 예상 광고비는 4,341,000원, 예상 매출은 12,120,000원, 예상 ROAS는 279%, 매출이익은 4,848,000원이 산출되는군요.

카페24 : 그러면 어디가 더 많은 이익이 발생할까요?

김대리 : 모두 1위자리에 입찰하는 경우가 훨씬 높게 나오네요.

입찰가에 대한 자세한 내용은 'Lesson 06 입찰가 설정과 광고 예산 최적화'의 '네이버 키워드 광고 입찰가 설정'을 참조합니다.

04 키워드 광고 7단계 프로세스

키워드 광고는 다음과 같이 광고 계정 만들기부터 시작하여 광고 입찰과 집행 과정을 거칩니다.

키워드 광고는 다음과 같이 광고 계정 만들기부터 시작하여 광고 입찰과 허용과정을 거칩니다.

❶ 계정 만들기

광고를 집행하기 위해서는 네이버, 다음, 네이트, 오버추어 등 광고 운용사 마다 광고주 계정을 만들어야 합니다. 광고주 계정은 모두 무료로 만들 수 있습니다.

❷ 키워드 추출하기

광고에 사용할 키워드를 추출합니다. 광고에 사용하는 키워드는 광고 예산뿐만 아니라 광고 효과와도 밀접한 관련이 있기 때문에 최소의 비용으로 최대의 효과를 얻을 수 있는 키워드를 발굴합니다.

❸ 광고 문구 만들기

검색 결과 광고영역에 노출되는 광고 내용을 작성합니다. 광고 문구는 광고의 클릭률을 결정하는 가장 큰 요인으로 작용하기 때문에 쇼핑몰 또는 상품의 특징을 잘 나타낼 수 있는 내용으로 작성합니다.

❹ 랜딩페이지 만들기

광고를 클릭했을 때 도달하는 페이지가 랜딩페이지입니다. 랜딩페이지는 광고를 클릭한 고객의 클릭 목적을 최대한 충족시켜서 정보 탐색 시간을 줄여주고 구매율을 높이는데 있습니다. 광고 효과를 극대화시키기 위해서는 '키워드-광고 문구-랜딩페이지' 3가지 항목의 적절한 매치가 중요합니다.

❺ 키워드 그룹 구성하기

관련성 있는 여러 상품이나 서비스를 나타내는 키워드들, 검색자 수가 많은 키워드들, 쇼핑몰의 주력 키워드들, 시즌성 키워드들 등과 같이 관리 목적에 따라서 키워드들을 그룹으로 분류하여 하나로 묶는 작업을 키워드 그룹이라고 합니다.

❻ 광고 예산 구성하기

키워드별, 키워드 그룹별, 얼마의 광고 예산이 사용되었는지 키워드 성과 보고서를 출력하고 성과가 좋은 키워드, 키워드 그룹의 광고 예산을 설정합니다. 또한 키워드별, 키워드 그룹별 일일 허용 예산을 설정하여 광고 예산을 효율적으로 배분합니다.

❼ 입찰/집행하기

키워드 광고 집행 시 키워드별 또는 키워드 그룹별 상품의 판매당 가치와 광고투자수익율(ROAS) 등을 고려하여 입찰가격을 책정한 후 노출 순위, 시기, 시간 등을 예산을 고려하여 탄력적으로 집행합니다.

광고 계정 만들기

01 / 키워드 광고 계정 구조

네이버에서 키워드 광고를 집행하기 위해서는 광고주 계정을 만들어야 합니다. 광고주 계정은 광고주가 직접 관리하는 '광고주 계정'과 카페24 마케팅센터와 같은 광고대행사에서 관리하는 '광고대행사 계정'의 의미가 있습니다. 광고주 계정은 광고주가 직접 광고를 관리하는 계정의 의미이고, 광고대행사 계정은 광고를 광고대행사를 통해서 관리하는 '계정'이라는 의미입니다.

네이버에서 광고를 집행에 필요한 계정을 만들기 위해서는 신규 광고주로 등록해야 합니다. 광고 계정을 만든 이후부터는 광고를 직접 관리하거나 광고대행사를 통해서 관리할 수 있습니다.

광고주가 되는 방법은 아주 간단합니다. 네이버는 네이버 광고주 페이지(searchad.naver.com)에서 회원가입하면 자동으로 광고를 직접 관리할 수 있는 광고주가 될 수 있습니다. 키워드 광고 관리는 마케터를 투입하거나 직접 관리하는 방법과 카페24 마케팅센터와 같은 광고대행사를 통해 관리하는 경우 효율적인 측면을 고려하여 결정합니다.

◆ 네이버 신규 광고주 가입 페이지

클릭초이스 계정 구조

네이버의 클릭초이스는 계정을 만든 후 사이트를 설정하고 그룹을 만듭니다. 그룹은 광고에 사용할 키워드를 설정하는 '키워드그룹–키워드' 의 2단계 구조를 가집니다. 2단계 구조는 키워드 하나 당 광고 문구 하나, 즉 '1 : 1' 로 매칭됩니다. 네이버 계정 구조는 사례1(계정❶)과 같이 키워드마다 광고 문구와 연결URL을 다르게 설정하거나 사례2(계정❷)와 같이 모든 키워드에 하나의 광고 문구와 하나의 연결URL을 설정할 수 있습니다.

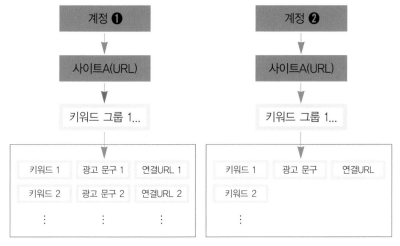

◆ 네이버 키워드 광고 계정 구조

- **계정 :** 광고를 진행하기 위해서 만들어야 하는 광고 관리 주체입니다.
- **사이트 :** 사이트(URL 주소) 별로 광고를 생성할 수 있습니다.
- **키워드 그룹 :** 관련성 있는 키워드들의 집합, 노출영역, 일일광고 허용 예산, 노출 지역, 노출 시간대를 설정할 수 있습니다.
- **키워드 :** 키워드는 붙여쓰기로 인식, 기본검색 지원, 사이트 간 중복 등록 가능, 키워드의 입찰가를 설정합니다.
- **광고 문구 :** 고객이 가장 먼저 만나는 웹사이트의 정보로, 잠재고객의 클릭을 이끌어내는 핵심 광고 요소입니다. 제목 15자, 대표 URL, 설명 문구 45자, 부가정보 45자, 키워드 광고 문구 1:1 대응 등 광고 상품 내용을 가장 잘 전달할 수 있는 광고 문구를 등록합니다.
- **URL :** 광고를 클릭하면 링크로 연결되는 웹페이지 주소입니다.

02 광고 계정 만들기

네이버 광고 계정을 만들어 광고를 직접 관리해 보겠습니다. 광고 계정을 만든 후부터는 직접 광고를 관리할 수 있는 광고주가 됩니다.

01 네이버 키워드 광고 계정 관리 페이지(searchad.naver.com)에 접속한 후 '광고주 신규가입'을 클릭한 후 광고주로 가입합니다. [광고관리시스템] 메뉴 또는 [광고관리시스템 바로가기] 버튼을 클릭합니다.

02 키워드광고 관리시스템에서 신규 광고를 집행하기 위해서는 사이트와 광고를 등록해야 합니다. [클릭초이스]-[관리]-[광고관리]-[사이트 전체] 메뉴를 클릭합니다. '광고관리' 페이지에서 [사이트추가] 버튼을 클릭합니다.

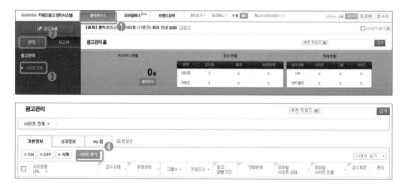

03 사이트 등록 팝업창에서 광고를 등록할 사이트 정보를 입력한 후 [다음] 버튼을 클릭합니다. 특히 업종에 따라서 필요한 서류를 등록 해야 합니다. 쇼핑몰의 경우 사업자등록을 제출해야 되며, 제출하지 않을 경우 광고 계정을 만들 수 없습니다. 업종 및 추가 등록서류는 추후에 변경하거나 제출할 수 있습니다. 광고를 집행하기 위해서는 내 계정에 비즈머니 잔액이 있었야 합니다.

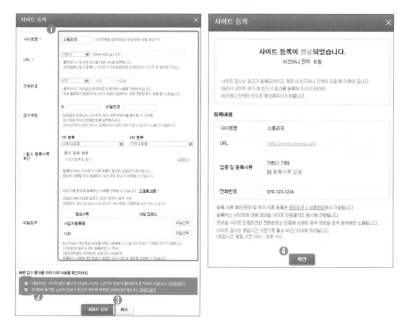

04 사이트 등록이 완료되었습니다. 네이버에서 사이트를 검수한 후 검 수 상태가 완료되면 [광고등록] 버튼을 클릭하여 광고를 등록할 수 있습니다.

키워드 리스트 만들기

01 키워드 추출하기

키워드 광고를 진행하기 위해서 가장 우선적으로 해야 할 일을 키워드 광고에 사용할 키워드들을 추출하는 것입니다. 광고를 오래 동안 진행한 광고주들은 어떤 키워드를 보면 '느낌' 이 옵니다. 대부분의 광고주들은 광고 대비 매출을 항상 눈과 머리로 결과를 분석하고 예측하기 때문에 그들의 감각이 들어맞는 경우가 많습니다. 하지만 초보 광고주라면 어떤 키워드를 어떻게 추출하여 운영해야 하는지는 전혀 느낌이 오지 않을 것입니다. 이런 경우 다음에서 소개하는 6가지 키워드 추출 방법을 활용하여 나만의 키워드 추출 전략을 만들기 바랍니다.

6가지 방법으로 키워드 추출하기

키워드를 추출할 때 사용하면 효율적인 6가지 방법을 알아보겠습니다.

❶ 생각을 정리합니다

키워드 리스트를 만들 때 가장 먼저 생각하는 것이 내가 알고 있는 키워드를 정리하는 것입니다. 내가 알고 있는 키워드는 내가 가장 잘 알고 있는 키워드이기 때문입니다. 만약 성형외과 사이트를 광고한다고 가정해보면, 가장 먼저 '성형외과' 가 생각날 것입니다. 그 외 가슴성형, 쌍커풀수술, 코성형 등 성형외과의 시술 품목들이 가장 잘 알고 있는 키워드들입니다. 하지만 내가 알고 있는 키워드들의 상당수는 검색량이 많은 대표키워드들입니다. 이런 대표키워드들은 광고비가 비싸기 때문에 자칫 매출액보다 광고비가 더 많이 발생하는 적자 광고가 될 수 있습니다.

❷ 검색 포털의 자동완성과 추천 키워드를 사용합니다

첫 번째 방법에서 조금 응용된 방법으로 내가 알고 있는 키워드를 검색 포털의 검색창에 입력하면 자동으로 완성된 '자동완성어' 목록이 만들어집니다. 예를 들면 '비키니'를 검색하는 사람들은 '비키니쇼핑몰', '비키니수영복', '비키니제모' 등도 검색한다는 것을 알 수 있습니다.

◆ 자동완성 키워드

자동완성어는 검색창에 입력되는 검색어의 유형을 분석하여 자주 검색하는 검색어로 자동 완성되기 때문에 검색량이 많은 키워드들이 노출됩니다. 이외 키워드 전후에 확장어를 통해 확장된 키워드, 예를 들면 '100일' 키워드라면 '100일선물'이나 '여자친구100일' 등과 같이 확장된 키워드들도 추출합니다.

이외 추천비즈니스 키워드와 연관검색어도 키워드로 활용합니다. 추천비즈니스키워드는 이용자의 검색 의도를 파악하여 특정 키워드를 입력한 이용자가 궁금해 할 수 있는 검색어 중 비즈니스(광고)에 연관된 검색어를 노출하지만, 연관검색어는 특정 단어 이후에 연이어 많이 검색한 검색어를 노출하여 이용자들의 검색패턴이 반영됩니다. 만일 지속적으로 동일한 검색어가 연관검색어로 노출된다면, 많은 사용자들이 계속해서 연이은 검색어로 사용하고 있다는 의미입니다.

❸ 경쟁사의 키워드를 사용합니다

업종이나 품목이 유사한 업종 중 경쟁 관계의 상호를 노출함으로써 자신의 사이트의 인지도를 높이고 경쟁 업체의 회원을 유입시키는 효과가 있는 방법입니다. 예를 들어 검색 포털의 검색창에 '스타일난다' 키워드를 검색하면 파워링크 광고 영역에 '스타일난다'와 유사한 스타일의 의류를 판매하는 의류 쇼핑몰들도 '스타일난다' 키워드로 광고하여 광고 영역에 노출시킵니다.

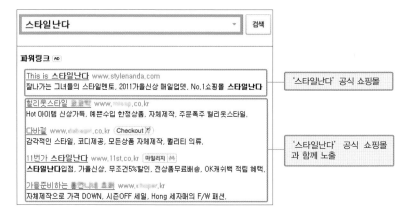

❹ 사이트의 모든 콘텐츠 이름을 활용합니다

내 사이트의 모든 콘텐츠, 즉 내 사이트의 카테고리명, 상품명 등을 키워드로 활용할 수 있습니다. 예를 들면 카테고리 명인 아우터, 탑, 티, 드레스, 블라우스, 셔츠, 액세서리 등이나 상품명인 후드체크셔츠, 롱후드셔츠 등을 키워드로 추출할 수 있습니다.

◆ 카테고리명 활용　　　　　　　　　◆ 상품명 활용

❺ 영문 및 외래어 오타 키워드를 활용합니다

　한글을 입력해야 되는데 키보드 좌판이 영문 상태에서 입력하는 경우
가 종종 발생합니다. 예를 들어 영문 상태에서 '원피스'를 입력하면
'djsvltm'이 입력되고, 여성의류를 입력하면 'dutjddmlfb'가 입력됩니
다. 외래어에 대한 오타 키워드로 활용할 수 있습니다. 예를 들어 '액세
서리'를 '악세사리' 또는 '액세사리'로 입력하거나 '자켓'을 '쟈켓' 또
는 '재킷'으로 입력하는 경우입니다.

❻ 키워드 제안 도구를 이용합니다

　검색 포털과 광고서비스 업체에서는 자사의 광고 이용 내역을 자체적
으로 분석하여 키워드 제안 서비스를 제공합니다. 네이버는 키워드 추
천, 다음은 클릭스의 키워드 추천샵 등을 통해서 키워드를 제공해주고
있습니다.

- 네이버 키워드 추천 : 네이버는 광고주들을 대상으로 키워드 광고 홈
  (searchad.naver.com) 사이트의 '추천 키워드' 메뉴를 통해서 업
  종, 사이트별, 시즌에 맞는 키워드들을 다양한 방식으로 조회할 수
  있습니다. 조회 결과는 엑셀 파일로 다운로드 받을 수 있습니다.

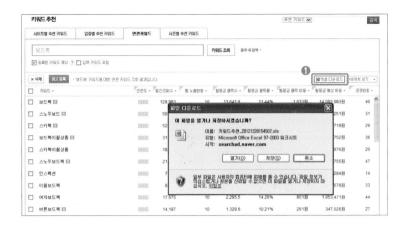

- 키워드 추천샵 : 다음은 광고주들을 대상으로 클릭스 광고의 키워드 추천샵 서비스를 통해서 키워드와 노출수 정보를 제공하고 각 키워드의 [보기] 버튼을 클릭하면 해당 키워드의 조회수 추이와 성별, 연령별 속성을 확인할 수 있습니다. 조회수 추이 그래프로 시장성이 있는 아이템인지 또는 판매 가능성 등을 판단할 수 있고 어느 시기에 수요가 높은지도 파악할 수 있습니다.

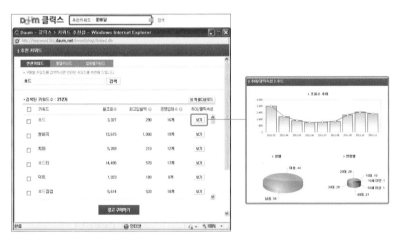

02 / 키워드 선택하기

위에서 열거한 6가지 방법을 통해서 추출한 키워드를 성격에 따라 크게 대표키워드와 세부키워드로 구분할 수 있습니다. 일반적으로는 대표키워드들의 비중이 많습니다.

대표 키워드는 조회수가 많고 보다 포괄적인 의미를 담고 있는 키워드이기 때문에 정보 검색단계에서 많이 사용되며 검색율은 높지만 구매로 전환되는 비율, 즉 구매전환율은 세부적인 키워드에 비해 떨어지고 클릭단가는 상대적으로 비싼 키워드입니다.

대표 키워드가 상품명, 특징, 스타일, 유통경로, 규격 등과 조합되어 세부키워드로 만들어지면 대표 키워드에 비해 조회수와 클릭수가 적기 때문에 클릭단가도 낮은 편이고, 키워드가 상품이나 서비스에 대한 구체적인 의미를 담고 있기 때문에 구매로 전환되는 비율이 대표 키워드에 비해 높습니다.

대표 키워드는 매출이나 외형적인 규모를 높이는데 효과적이고, 세부키워드는 수익률을 높이데 효과적입니다. 즉 브랜드 가치가 중심되어야하는 일정 규모 이상의 쇼핑몰은 대표 키워드의 사용 비중을 높이고, 소규모 쇼핑몰들은 대표 키워드보다는 세부 키워드 중심으로 구성하는 것이 옳습니다. 단 모든 쇼핑몰에 해당되는 것은 아닙니다.

여성의류	드레스	파티룩	연말파티드레스
선물	친구선물	여자친구선물	여자친구크리스마스 선물
보드	보드용품	보드양말	기능성 보드양말

대표 키워드 ◀────────────────────▶ **세부 키워드**

- 조회수가 많다.
- 광고단가가 비싸다.
- 대상범위가 넓다.

- 대상범위가 좁고 조회수가 적다.
- 광고단가가 싸다.
- 전환율이 높다.

◆ 대표 키워드와 세부 키워드의 관계

키워드를 조합할 때 주의해야 될 사항이 정보성 키워드와 상업성 키워드에 따라서도 전환율이 달라진다는 점입니다.

03 키워드 조합 최적화

키워드 조합은 추출한 키워드들을 상품명, 카테고리, 특징, 내용 등으로 최대한 세부적으로 분류한 뒤 각각의 단어들을 조합하여 세부 키워드를 만듭니다. 다음은 ○○성형외과의 세부 키워드를 만드는 사례입니다. 상품목록, 세부 품목, 특징, 지역 단어 조합만으로도 수천 개씩의 세부 키워드를 생성하고 만들 수 있으며, 이들 세부 키워드들을 셋팅하고 광고 집행 후 그 효과가 미비한 키워드들은 삭제하면서 최적의 나만의 키워드를 발굴합니다.

상품군	세부 품목	특징	지역	세부 키워드
성형외과	쌍커플	전문	강남	쌍커플전문강남성형외과, 메부리코전문성형외과, 가슴성형수술비용
성형	코	메부리	강북	
성형수술	가슴	비용	명동	

만약 '성형외과' 라는 대표 키워드와 '메부리코전문성형외과' 라는 세부키워드의 검색량과 유입량를 비교하면 두 항목 모두 '성형외과' 키워드가 높을 것입니다. '성형외과' 를 검색하는 사람들 중에는 성형외과 자료 수집을 목적으로 하는 사람, 의료 장비를 판매하는 사람, 논문을 준비하는 사람, 성형수술에 관심있는 사람 등 수많은 목적의 가진 사람들이

포함되어 있지만 '메부리코전문성형외과'를 검색하는 사람들 중 상당수 메부리코수술을 원하는 사람들이기 때문에 검색량과 유입량은 상대적으로 적습니다. 하지만 실제 전환율을 비교한다면 '메부리코성형수술비용'이 높게 나타날 것입니다. 왜냐하면 '메부리코성형수술비용' 키워드는 '성형외과' 키워드보다 성형수술을 원하는 실수요자가 더 많이 포함되어 있기 때문입니다.

 정석과 꼼수 엑셀 concatenate함수를 이용한 키워드 조합

CONCATENATE 함수는 여러 칸의 글자를 연결해서 한 칸에 쓰고자 할 때 이용할 수 있는 함수입니다. 사용 방법은 그림과 같이 단어와 상품군들을 작성한 후 추출할 세부키워드 셀에 '=CONCATENATE([text1], [text2], ...)' 식으로 입력한 후 아래 방향과 우측 방향으로 드래그하면 단어와 상품군의 문자를 연결하여 확장 키워드를 만들 수 있습니다.

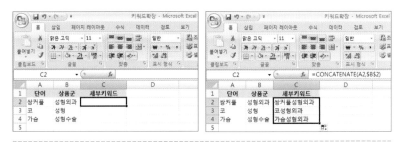

04 키워드 그룹 최적화

키워드 그룹은 키워드를 효율적으로 관리하기 위한 키워드 광고 관리 단위입니다. 즉 광고에서 사용하는 여러 가지 키워드들을 광고주의 사이트나 쇼핑몰의 특성에 맞게 구분하여 관리하면 효율적입니다. 키워드 그룹을 설정해두면 그룹별로 광고 노출 설정을 할 수 있고, 키워드 그룹을 이용하여 기간, 요일, 노출 전략을 설정할 수 있습니다.

키워드 그룹 최적화란 유사한 성격의 키워드 리스트를 하나의 그룹으로 묶은 후 키워드 그룹에 있는 키워드에 관련성이 높은 광고 문구들을 서로 매칭시켜 광고의 효율성을 높이는 것입니다.

❶ 관련성이 높은 상품이나 서비스들끼리 그룹핑하여 키워드 그룹을 세분화합니다

국내여행 관광 상품의 경우 제주도여행, 강원도여행 등과 같이 키워드 그룹을 세분화하고 제주도여행 키워드 그룹에는 제주올레길, 제주돌마을 등과 같이 각 키워드그룹은 연관된 키워드들끼리 그룹핑(분류)합니다. 하나의 키워드그룹에는 유사한 상품이나 서비스 등으로 이루어진 관련성 있는 키워들을 묶어서 분류하고 해당 키워드그룹 내 키워드와 맞춤화된 광고 문구를 작성하는 것이 광고품질지수를 높이는 방법입니다.

	키워드그룹	키워드
국내여행	제주도여행	제주올레길
		제주돌마을
		제주도보여행
		용두암하이킹
		제주추자도

❷ 노출수와 입찰수에 따라 키워드 그룹을 구분합니다

노출수가 많은 키워드 그룹과 적은 키워드 그룹, 입찰가가 1천만 원 이상의 키워드 그룹과 이하의 키워드 그룹 등과 같이 노출수와 입찰수에 따라서 키워드 그룹을 구분합니다. 특히 노출수가 많은 키워드 그룹, 입찰수가 많은 키워드 그룹들은 별도의 키워드 그룹을 만들어 관리합니다. 광고 평가지수는 노출수 등을 고려하여 상대적으로 측정되기 때문에 하나의 키워드그룹 안에 노출수가 월등하게 많거나 적은 키워드가 함께 포함된 경우 키워드 그룹 전체의 광고 평가지수에 악영향을 끼칠 수 있습니다.

키워드 광고는 통상적으로 '1:9원칙' 을 따릅니다. 즉, 키워드 광고의 전체 키워드 중 상위 10%의 키워드가 전체 노출 키워드의 90% 정도의 비중을 차지하며 이 키워드들은 별도로 그룹을 만들어 집중적으로 관리해야 합니다.

❸ 주력 키워드와 비주력 키워드를 구분하여 키워드를 선정합니다

홈페이지나 쇼핑몰의 주력 키워드와 비주력 키워드 그룹을 구분하여 키워드를 선정합니다. 다음은 해외여행과 허니문여행 전문 여행사의 키워드 선정 사례입니다.

- 주력 키워드 그룹 : 해외여행, 허니문여행
- 비주력 키워드 그룹 : 배낭여행, 제주여행, 테마여행, 골프여행

❹ 키워드 중복 사용은 자제합니다

여름 물놀이 상품 이벤트, 화이트데이 선물전, 어린이날 특별 할인 행사 등과 같이 시즈널 캠페인이 아니라면 키워드 그룹 간 키워드 중복 사용은 자제하고 이들 시즌별 키워드들은 선별하여 별도의 키워드 그룹으로 관리합니다.

❺ 운영 및 관리 목적에 따라 키워드 그룹을 선정합니다

신규로 등록하는 키워드들은 신규 키워드 그룹, 상위 10%의 매출을 발생하고 유지하는 우량 키워드 그룹, 재구매율이 높은 핵심 키워드는 집중관리 핵심 키워드 그룹, 광고 효과가 거의 발생하지 않는 비가망 키워드 그룹 등과 같이 쇼핑몰의 운영 및 관리 목적에 따라 키워드 그룹을 분류하여 관리합니다.

 주요 키워드 입찰 관리

주요 키워드 입찰 관리란 네이버 키워드 광고에서 광고 집행을 위해 등록한 여러 키워드들 가운데, 주요한 키워드만을 묶음 선택하여, 빠르고 편리한 입찰 관리가 가능하도록 지원하는 기능입니다. 예를 들어 반드시 입찰에 참여해야 하는 키워드, 반드시 1위에 노출하고 싶은 주요키워드들을 묶어서 보다 빠르고 손쉽게 입찰 관리 할 수 있도록 합니다.

클릭초이스의 경우 하루에도 여러 번 순위 변동할 수 있으므로 주요 키워드만 따로 묶어 해당 키워드를 모니터링 하면서 원하는 순위를 유지할 수 있습니다.

[광고관리]–[주요키워드관리] 메뉴를 선택한 후 묶음을 지정할 키워드들을 선택하고 [주요 키워드 묶음 지정] 버튼을 클릭하고 키워드들을 묶음 지정합니다.

광고 문구 만들기

01 광고 문구 최적화 전략

광고 문구란 인터넷 사용자들에 의해 특정 키워드가 조회되었을 때, 검색 결과페이지에서 잠재고객에게 노출되는 메시지로 제목, 설명(광고) 문구와 키워드로 구성되며 이외 표시URL, 랜딩페이지(연결URL)도 포함됩니다.

광고 문구 = 제목, 설명문구, 표시 URL, 연결 URL

광고 문구 작성 시 랜딩페이지 설정도 매우 중요하며, 가장 좋은 조합을 만들기 위해서는 '키워드-광고 문구-랜딩페이지' 목록을 만든 후 클릭률과 구매율 등을 테스트해보아야 합니다.

검색어와 광고 문구를 일치시키고 관련성을 극대화하는 것은 클릭률과 구매율을 높이는 가장 기본적인 전략입니다. 다음은 '10대쇼핑몰' 검색어와 '성형외과' 검색어의 파워링크 광고 검색 결과입니다. 두 검색어에 대한 파워링크 광고의 광고 문구 유형이 확연히 차이가 발생함을 알 수 있습니다.

'10대쇼핑몰' 키워드 광고는 서술형, 강조형이 많은 반면, '성형외과' 키워드 광고는 의료 시술이나 병원위치 등에 대한 키워드 나열형 광고가 대부분입니다. 즉 광고 문구는 키워드 광고의 주고객층이 누구인가에 따라서 달라져야 합니다.

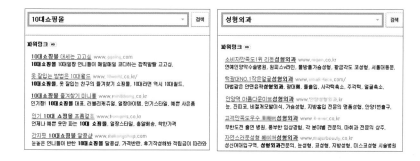

키워드 광고의 광고 문구는 테스트할 때는 다음과 같이 여러 가지 유형으로 나누어 테스트해보는 것이 최적의 광고 문구를 찾는데 효율적입니다. 다음과 같은 유형 외에도 세부적으로 다양한 유형의 광고 문구를 다양한 렌딩페이지와 매치시켜 그 효과를 테스해봅니다.

❶ 키워드 나열형

자연스러운성형 ○○○성형외과

트윙클링성형, 눈성형, 코성형, 지방성형, 미스코성형

❷ 느낌 전달 서술형

옷 잘입는 방법은 ○○○

10대쇼핑몰, 옷 잘입는 친구의 즐겨찾는 쇼핑몰, 매일매일코디하는 깜직발랄고고싱

❸ 서비스 강조형

인기 10대 쇼핑몰

눈높은 언니들이 반한 10대 쇼핑몰, 후기작성해봐 적립금이 따라와, 얼짱스타일

❹ 공신력 강조형

고객만족도 우수○○○성형외과

무한도전 출연병원, 풍부한 임상경험, 각분야별 전문의, 마취과 전문의 상주

02 광고 문구 적용 방식

네이버 키워드 광고는 키워드 그룹 또는 단일 키워드와 광고 문구를 '1:1'로 매칭시킬 수 있습니다. 즉 광고를 집행할 모든 키워드에 하나의 광고 문구를 적용하거나 키워드를 개별적으로 선택하여 특정 광고 문구를 적용할 수 있습니다.

광고 문안 작성 시 자주 사용하는 광고 문안은 문안저장소에 저장한 후 키워드를 등록할 때 '문안저장소'에 저장된 문안을 불러와서 사용할 수 있으며, 새로운 문안을 문안저장소에 등록할 수도 있습니다. 광고 문안은 등록심사 후 반영되기 때문에 이미 게재 중인 키워드에 사용되고 있는 광고 문안을 사용하면 검수 시간이 단축되어 광고 등록이 보다 빠르게 진행 될 수 있습니다.

◆ 다양한 광고 문안을 등록해두는 문안 저장소

아래 광고문안(제목, 설명, 부가정보, 표시URL)은 네이버 키워드 광고 시 웹에 노출되는 키워드의 문안입니다.

◆ 네이버 키워드 광고 문구 작성 페이지

클릭초이스에서는 [키워드 삽입] 버튼을 클릭하면 광고주가 구매한 키워드를 광고 문안에 일일이 작성할 필요 없이 자동으로 적용할 수 있습니다. 예를 들어 '체험단리뷰' 키워드(❶)를 구매한 후 광고 문안의 제목으로 '스토리지'를 입력한 후 [키워드 삽입 ❷] 버튼을 클릭하면 자동으로 '체험단리뷰' 키워드가 삽입되어 '스토리지 체험단리뷰'가 됩니다.

03 광고 문구의 기본 원칙

❶ 광고 문구 안에는 반드시 광고 키워드를 포함시킵니다

클릭률을 높이려면 검색어와 설명 문구의 관련성이 명확하게 표현되도록 하고 특히 설명 문구와 제목에 검색어를 정확히 포함시켜야 합니다. 검색어와 관련된 상품 및 판매 정보를 포함시키고 관련성이 떨어지는 정보는 제외시켜 불필요한 방문객의 클릭을 방지하고 광고 효율성을 높입니다. 특히 검색한 키워드가 광고 문구 내에 포함되어 있는 경우, 광고 문구에 볼드 처리가 되어 주목도가 높아집니다. 제목과 설명문구 내 최대 2개까지 삽입 가능합니다.

클릭초이스에서는 [〈키워드〉삽입] 버튼을 클릭하면 광고주가 구매한 키워드를 광고 문안에 일일이 삽입할 필요 없이 자동으로 적용합니다. 예를 들어 '여성트레이닝복' 키워드를 구매한 후 광고 문안에서 [〈키워드〉삽입] 버튼을 클릭하면 자동으로 '여성트레이닝복' 키워드가 삽입됩니다.

❷ 키워드의 특성을 파악한 후 설명 문구에서 반영합니다

예를 들어 '아나운서 협찬' 검색 시 협찬한 대상자, 방송사, 브랜드를 구체적으로 언급하여 제품의 높은 퀄리티, 스타일 등을 제시합니다.

> 예 문지애, 이혜승 아나운서 협찬 등

❸ 경쟁사 대비 특·장점을 반영한 신뢰성을 확보합니다

예를 들어 '허니문룩' 검색 시 랭키1위, KBS VJ특공대 방영 등 타사 대비 경쟁성 부각시키거나 40% 세일과 같이 구체적인 수치와 함께 이벤트 제시합니다.

> 예 랭키닷컴1위 커플쇼핑몰, KBS VJ특공대 방영~, 주문폭주 40% 세일진행 등

❹ 추상적인 문구보다 객관적으로 검증, 인증된 문구를 사용합니다

예를 들어 '왕뽕비키니' 검색 시 제품을 착용 했을 때 기대하는 바를 구체적인 수치로 작성합니다.

예 A컵이 C컵 되는~, 5cm 왕뽕 비키니~ 등

'신상아웃' 검색 시 우주복 등 품목을 상세히 작성하고 캐릭터 디자인 등 타켓이 원하는 제품 컨셉을 반영합니다.

예 우주복, 바디슈트, 점퍼 캐릭터 디자인~ 등

병원 문구 시 검증, 인증된 문구를 사용합니다.

예 반영구적 세라믹 인공관절, 서울대외래병원교, 오전수술오후퇴원 등

정석과 꼼수 광고문장 작성 시 주의 사항

광고와 매치되지 않는 광고 문구를 사용하여 클릭을 유발시키는 것은 광고이 품질지수 하락, 클릭 비용 상승, 광고효율 하락 등 역효과가 발생합니다.

04 성별 광고 문구 전략

남자는 쇼핑 타깃팅 된 품목 하나만을 빠르게 구입하는 성향을 보이며 여자는 상품을 비교 분석하는데 시간을 더 많이 소비한다는 특징이 제기되었고 이를 광고 문구 개발에 적용하는 사례가 늘고 있다고 합니다. 남성은 원시시대에 수렵생활을 하던 습성에 따라 정보 위주의 광고 문구에 반응하며, 여성은 채집생활을 하던 습성이 남아 있어 트렌디(유행)하거나 감성적인 문구에 반응합니다. 남성들은 단순하고 직관적인 정보에 눈길을 보내는 경향이 있고, 여성들은 구체적이고 유행하는 정보에 민감한 반응합니다.

❶ '셔츠' 키워드 광고 문구에 대한 남녀 반응

남성은 슬림셔츠, 체크셔츠, 반팔셔츠 등 정확한 정보가 담긴 키워드가 포함된 광고 문구가 좋습니다. 예를 들어 남성셔츠 셔츠 종류가 포함된 광고 문구의 성과는 100점, 셔츠 종류가 포함되지 않은 문구의 성과는 78점입니다. 여성은 최신 유행 아이템 셔츠, xx스타일의 완판 셔츠 등과 같은 최신 트렌드를 반영한 광고 문구의클릭률이 높습니다.

❷ '청바지' 키워드 광고 문구에 대한 남녀 반응

남성은 광고 문구에는 '추천' 정보가 함께 들어 있는 경우가 많습니다. 여성은 모델핏(모델이 의류를 착용한 모습)정보가 포함돼 있는 문구, 다리가 길어 보이는 등과 같은 트렌디하거나 감성적인 문구, 최신유행 아이템인 부츠컷 청바지 등과 같은 광고문구의 클릭률이 높습니다.

05 광고 문구 작성 최적화 전략

쇼핑몰의 주요 키워드에 대해서는 다음과 같은 문구 작성 최적화 방법 등을 적용한 다양한 유형의 광고 문구를 작성한 후 다수의 광고에 테스트하여 광고 효과가 가장 좋은 광고 문구를 찾아내어 최적화시킵니다.

❶ 제목의 가독성 높이기

제목을 작성할 때는 띄어쓰기하면 가독성이 높아지기 때문에 시각적으로 차별화할 수 있습니다.

여자후드티이젠저스트원 www.____.co.kr (Checkout 🛒)
이젠! 여자청바지는 무조건 저스트원!, 찾고 있는 **후드티**, 가격도 이뻐

남자후드티빈티지브라더스 ____.com (Checkout 🛒)
후드티, 남자신상 **후드티**, 남자후드티 추천쇼핑몰, 주문폭주,

◆ 제목을 띄어쓰기를 하지 않는 광고

여자후드티 이젠 저스트원 www.____.co.kr (Checkout 🛒)
이젠! 여자청바지는 무조건 저스트원!, 찾고 있는 **후드티**, 가격도 이뻐

남자후드티 빈티지브라더스 ____.com (Checkout 🛒)
후드티, 남자신상 **후드티**, 남자후드티 추천쇼핑몰, 주문폭주,

◆ 제목을 띄어쓰기한 광고

❷ 시각적으로 유리한 자리에 광고하기

파워링크 광고 순위는 1위부터 10위까지 노출되며, 5위(❶)보다는 6위 (❷) 자리에 노출되는 것이 광고 가격도 저렴할 뿐만 아니라 시각적으로 차별화할 수 있습니다. 파워링크는 1위부터 10위까지 노출되는데 5위와 6위 사이는 간격이 크기 때문에 순위 대비하여 클릭률이 높습니다.

❸ 키워드 삽입 위치 조정하기

경쟁업체를 벤치마킹하여 키워드 삽입 위치를 조정합니다. 키워드 삽입 위치는 일반적으로 앞쪽에 배치하기 때문에 중간부분이나 마지막에 위치시키면 시각적으로 차별화할 수 있습니다. 다음은 '클럽의상' 검색어의 파워링크 검색 결과입니다. 1~2위는 제목과 설명 앞쪽에 배치되어 있지만 3위 자리의 광고는 설명 앞쪽과 뒤쪽에 배치하여 시각적으로 3위 자리임에도 1, 2위 자리의 광고보다 좋은 효과를 얻을 수 있습니다.

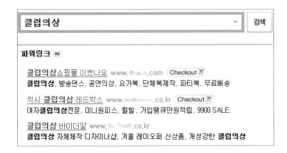

❹ 숫자를 배치하여 시각적으로 차별화하기

다음 광고의 '9900 SALE'과 같이 영어와 숫자가 함께 배치하면 시각적으로 차별화시킬 수 있고 '눈길사로잡는자체제작클럽의상' 보다는 그림(❸)의 광고 문구와 같이 '눈길 사로잡는 자체제작 클럽의상'과 같이 띄어쓰기하여 작성하면 각 단어의 주목도가 높아집니다. 또한 긴설명형(❶) 광고 문구보다는 고객이 관심을 갖을 수 있고, 호감을 줄 수 있는 키워드를 열거형(❷) 또는 설명형과 간단 열거형의 혼합형(❸) 광고 문구가 효과적입니다. 또한 혼합형의 광고 문구와 같이 '자체제작', '가입만원적립' 등과 같은 운영자가 차별화된 내역을 명시하면 차별화시킬 수 있습니다. 광고 문구는 띄어쓰기를 사용하면 키워드의 주목도가 높아집니다.

남자클럽의상 남자옷판다 www.━━━.com
쩌는 간지 **클럽의상** 판다는데 이사이트 뭐야? ❶

클럽의상쇼핑몰 이쁘나요 www.━━ com (Checkout 🛒)
클럽의상, 방송댄스, 공연의상, 요가복, 단체복제작, 파티복, 무료배송 ❷

겨울신상 **클럽의상** 워너비걸즈 www.━━━.co.kr
눈길사로잡는 자체제작 **클럽의상**, 가입땡큐만원적립, 9900 SALE. ❸

랜딩페이지 경쟁력과 객단가 높이기 05

01 랜딩페이지란

광고가 고객을 유혹하는 인터넷 전단지라면, 랜딩페이지는 쇼핑몰로 유입된 고객이 상품을 구매할 수 있도록 유도하는 판매 사원이라 할 수 있습니다. 랜딩페이지는 고객이 광고(키워드 광고, 쇼핑 광고 등 모든 광고)를 클릭한 후 도달하게 되는 페이지입니다.

광고를 잘 집행하여 고객의 유입률이 늘어났다하더라도 랜딩페이지가 엉망이라면 고객의 구매는 기대하기 어려울 뿐만 아니라 고객이 이탈하게 됩니다. 즉 랜딩페이지는 인터넷 쇼핑몰의 구매율은 높이는데 가장 큰 영향을 미치는 요소라고 할 수 있습니다.

◆ 키워드 광고　　　　　　　　◆ 키워드 광고의 랜딩페이지

◆ 뉴스 속 배너 광고　　　　　　◆ 배너 광고의 랜딩페이지

02 랜딩페이지 유형

랜딩페이지는 기본적으로 키워드와 관련성이 높은 페이지를 연결해야 합니다. 상호 키워드는 쇼핑몰 메인 페이지로 연결하고, 브랜드 키워드는 쇼핑몰 상품 목록 페이지로 연결하며, 시즌 키워드는 해당 시즌에 맞는 이벤트 페이지로 연결합니다. 가장 중요한 상품 품명 키워드는 해당 상품 페이지에 연결합니다.

광고에 연결되는 랜딩페이지는 크게 메인페이지에 연결되는 경우, 특정 상품페이지에 연결되는 경우, 특정 카테고리에 연결되는 경우, 이벤트 페이지에 연결되는 경우 등 4가지 유형으로 구분할 수 있습니다.

❶ 광고하는 키워드가 사이트 메인페이지에 연결되는 경우

'여성의류' 키워드로 '럭스걸' 쇼핑몰의 메인페이지에 연결되는 경우 '여성의류' 키워드로 유입된 고객들에게 '럭스걸' 쇼핑몰의 브랜드 이미지를 부각시키고 쇼핑몰의 상품들을 천천히 둘러볼 수 있는 장점과 '여성의류' 키워드로 유입된 고객이 자신이 원하는 상품을 찾지 못하고 쇼핑몰을 이탈할 수 있는 확률이 매우 높다는 단점이 있기 때문에 대형 쇼핑몰에 적합한 방법입니다.

❷ 광고하는 키워드가 특정 상품페이지에 연결되는 경우

특정 상품을 통해 구매전환율을 높이기 위한 방법입니다. 랜딩 페이지의 구매전환율을 높이려면 광고를 집행하는 키워드와 상품 상세 페이지를 '1:1'로 연결시키는 것이 가장 좋은 방법입니다.

❸ 광고하는 키워드가 특정 카테고리에 연결되는 경우

광고를 집행하는 키워드와 상품 카테고리 페이지를 '1:∝(다수의 상품)'로 연결시켜 상품 선택의 폭을 넓히고 객단가를 높일 수 있는 방법입니다.

❹ 광고하는 키워드가 이벤트 페이지에 연결되는 경우

신상품 기획전, 수영복 기획전 등과 같이 특정 상품들을 위해 별도의 기획전 페이지를 만든 후 그 페이지와 광고하는 키워드와 매칭시키는 방법입니다. 이 방법의 효율성이 높이기 위해서는 광고할 키워드와 기획전의 메인 카피를 매칭시키는 것입니다. 다음 그림은 검색 포털에서 '야상'을 검색하는 고객이 광고를 클릭했을 때 처음으로 보게 될 페이지입니다. 실제로 이 페이지에는 '야상' 기획전과 함께 야상 상품들이 노출되어 있습니다.

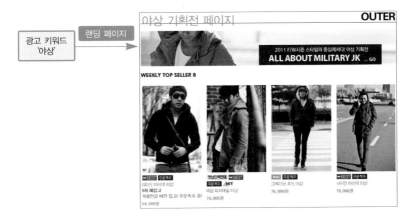

03 / 랜딩페이지 분석과 최적화

랜딩페이지는 상품 구매 또는 회원가입과 같은 전환페이지까지의 단계별 과정 중 이탈 원인을 분석한 후 개선하여 이탈률을 낮추어 전체적인 상품 구매 및 회원가입과 같은 전환율을 높입니다.

다음은 키워드 검색 결과 키워드를 클릭하여 랜딩페이지로 이동한 후부터 상품 구매 작성 단계인 전환 페이지까지의 일련의 과정에서 '진행' 또는 '이탈'을 분석하고 어느 단계에서 이탈했는지를 원인과 문제점을 분석한 후 해당 페이지의 이탈 원인과 문제점을 개선하는 것이 랜딩페이지 최적화의 목적입니다.

랜딩페이지 최적화가 효율적으로 진행되기 위해서는 단계별로 정확한 이탈을 측정되어야 되며, 그러기 위해서는 각 단계별로 페이지 재구성해야 합니다.

◆ 광고 검색 결과   ◆ 랜딩 페이지   ◆ 상품 설명 페이지   ◆ 상품 결제 페이지

유입수와 전환율 최적화 전략

키워드 광고를 집행할 때 쇼핑몰로 유입되는 숫자, 즉 유입수보다는 상품이나 서비스 구매로 이어지는 숫자, 즉 전환수와 전환율 등이 더 중요합니다.

❶ 유입수와 전환율이 모두 높은 경우

유입수와 전환율이 모두 높은 경우는 광고를 집행하는 키워드와 랜딩페이지가 잘 매치되고 있다고 판단할 수 있으며, 해당 키워드와 연관된 키워드들의 광고 비중을 높이는 전략이 필요합니다.

❷ 유입수는 높고 전환율은 낮은 경우

광고를 집행하는 키워드에 대한 수요는 있지만 쇼핑몰 또는 랜딩페이지 구성이 잘 못된 경우이거나 상품의 경쟁력이 떨어지는 경우, 상품 구매까지의 과정이 복잡한 경우일 것입니다. 로그분석(접속통계)을 통해서 무엇이 문제인지 등을 철저히 분석한 후 전환율이 낮은 원인을 수정하고 광고를 재집행합니다.

❸ 유입수는 낮고 전환율은 높은 경우

키워드가 세부적으로 표현된 경우가 대부분입니다. '날씬해보이는원피스'와 같이 상품의 특징을 구체적으로 표현한 세부 키워드가 포함된 경우는 '원피스'라는 키워드보다 좀 더 전환율이 높아지는 것이 일반적이기 때문입니다.

❹ 유입수와 전환율 모두 낮은 경우

광고와 랜딩페이지 및 쇼핑몰 성격이 잘 맞지 않는 경우로 자칫 막대한 광고비만 지출되고 광고 효과를 기대할 수 없을 수 있기 때문에 키워드에 맞게 랜딩페이지를 재구성해야 합니다.

04 객단가를 높이는 랜딩페이지 전략

❶ 키워드별 랜딩페이지 구성

키워드는 검색포털을 이용하는 사람들의 각기 다른 니즈(needs)의 표현이라 볼 수 있습니다. 예를 들어, 검색창에 '청바지'를 검색한 사람과 '가디건'을 검색한 사람은 분명 다른 니즈를 가지고 있습니다. 사이트 메인페이지에서 보여주는 내용이 사이트의 전부가 아니 듯, 고객의 니즈에 보다 적합하게 연결될 수 있는 페이지가 사이트 내에 있습니다.

청바지 키워드로 유입된 고객에게는 청바지와 관련된 페이지로 연결시키고, 가디건 키워드로 유입된 고객에게는 가디건 키워드와 관련된 페이지로 연결시키는 등 키워드별로 최적화된 랜딩페이지 연결이 필요합니다.

랜딩페이지를 상품 페이지나 특정 페이지로 매칭시켜야 하는 이유는 고객의 클릭 이동을 최소화하기 위해서입니다. 쇼핑몰에서는 상품을 찾기 위해 클릭을 할 때마다 고객의 이탈이 발생하며, 고객의 이탈은 매출 감소로 이어집니다.

키워드별로 랜딩페이지를 구성할 경우 키워드 그룹별로 구성할 때보다 평균 30~50% 정도의 방문자, 구매수, 구매율 등이 높아집니다. 그 이유는 키워드별로 세분화시킬 경우 고객의 만족도를 높일 수 있는 세부 키워드를 사용할 수 있기 때문입니다.

❷ 객단가를 높이는 랜딩페이지 전략

랜딩페이지를 통해서 객단가를 높이는 방법 중 한 가지가 코디 상품 페이지 전략입니다. 코디 상품들과 연관된 키워드를 코디 상품 페이지와 매치시켜 키워드 당 객단가를 높이는 방법입니다. 다음은 '체크자켓', '모던셔츠', '팬츠' 등 코디 상품으로 구성된 페이지를 랜딩페이지로 설정하면 한 번에 여러 상품을 구매하여 고객 당 객단가가 높아집니다.

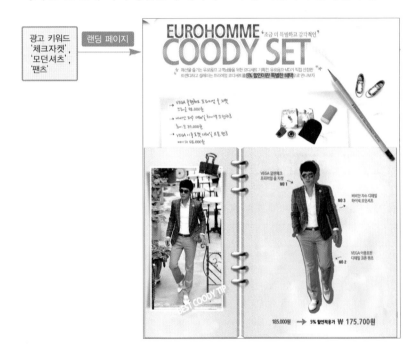

이외에 상품 상세페이지에 관련된 상품 목록이나 코디 상품을 노출시켜 추가 구매를 유도하여 객단가를 높이는 랜딩페이지를 만들어도 효과적입니다. 다음은 유로옴므 쇼핑몰의 상품 상세페이지는 관련상품 목록을 표시하여 추가 구매를 기대할 수 있으며, 레드오핀 여성의류 쇼핑몰의 경우는 모든 상품 상세페이지마다 코디 상품 목록을 표시하여 추가 구매를 통한 객단가를 높일 수 있습니다.

이미지	상품명	판매가	적립금	옵션	수량	
	단가라포켓T(b) today.▨%	10,800원	110	색상 옵션을 선택해 주세요 ▾	1 ▾	☐
	빈티지모자	12,800원	130	선택 옵션을 선택해 주세요 ▾	1 ▾	☐
	프리하bag ▨▨▨	48,000원	480	색상 옵션을 선택해 주세요 ▾	1 ▾	☐
	별달가죽끈목걸이	7,900원	80	선택 옵션을 선택해 주세요 ▾	1 ▾	☐
	빈티지꼬임r	3,900원	40	색상 옵션을 선택해 주세요 ▾	1 ▾	☐
	후드보잉	16,000원	160	선택 옵션을 선택해 주세요 ▾	1 ▾	☐
	레이어드스트랩WC	37,800원	360	선택 옵션을 선택해 주세요 ▾	1 ▾	☐
	대나무꼬임R	21,000원	210	색상 옵션을 선택해 주세요 ▾	1 ▾	☐

:) CODI ITEM

바로구매하기   장바구니담기

입찰가 설정과 광고 예산 최적화

01 입찰가 최적화

　광고주 중에는 무조건 다른 경쟁자보다 상위에 노출되어야 한다는 생각에 '파워1위' 자리를 고수하기 위해 터무니없는 입찰액을 써놓는 경우도 종종 있습니다. 광고 입찰은 그 어떤 마케팅보다 치밀한 입찰 전략과 광고 운영 전략이 필요하며, 최적화된 광고 입찰 전략을 세우기 위해서는 우선 키워드 광고 입찰의 전체적인 흐름을 파악해야 합니다.

　다음 그림은 '패딩' 키워드에 대한 광고 상황입니다. '패딩(❶)' 키워드의 월간 조회수는 약 30만 건이지만 실제로 클릭해야 광고비가 지불되기 때문에 월평균 광고비는 약 2백만 원 정도가 예상됩니다. 즉, 405(월평균 클릭 비용)×5,044(월평균 클릭 수)=2,042,861원으로 산출됩니다.

　반면, '조끼패딩(❷)' 키워드의 월간 조회수는 11,446건이고 월평균 클릭률은 3%로 월평균 비용은 약 10만 원 정도가 예상됩니다. 즉, 326(월평균 클릭 비용)×337(월평균 클릭 수)=109,895원으로 산출됩니다.

　클릭초이스로 노출되는 광고 영역은 한정되어 있기 때문에 인기 있는 키워드는 그림과 같이 '패딩' 키워드의 광고주는 61명, '나이키패딩'은 25명, 조끼패딩은 42명 등 광고주간 치열한 경쟁을 하고 있습니다. 이런 상황에서 패딩 관련 제품을 판매한다면 어떤 키워드를 선택하고 입찰 전략은 어떻게 세워야 할까요?

키워드		연관도	월간조회수	클릭을현황	월평균클릭수	월평균클릭률	월평균 클릭 비용	월평균 예상 비용	경쟁현황	등록현황
패딩 ❶			308,375	10	5,044.1	1.66%	405원	2,042,861원	61	상세
나이키패딩 ❷			147,104	10	6,332.5	4.32%	175원	1,108,188원	25	상세
조끼패딩			11,446	10	337.1	3.00%	326원	109,895원	42	상세

키워드의 최대 입찰 가격은 판매되는 상품의 판매당 가치와 광고투자 수익율(ROAS) 등을 고려하여 광고주가 1회 클릭에 대한 최대한으로 지불 비용을 가이드라인으로 책정해야 합니다.

판매 단가가 50,000원인 상품의 최대 입찰가의 가이드라인을 예로 계산하면 방문자당 가치는 150원입니다. 즉 최다 입찰 가격은 150원을 가이드라인으로 결정할 수 있습니다.

- 판매당 단가 : 50,000원
- 개당 이익률 : 30%
- 판매당 가치 : 15,000원
- 전환율 : 1%
- 방문자당 가치 : 150원

네이버 키워드 광고 입찰가 설정

네이버 키워드 광고의 입찰가에 대해서 알아보겠습니다. 우선 희망순위와 입찰가 기준 중 한 가지를 입찰 방법을 선택합니다. 즉 희망순위는 파워링크 몇위(❶), 비즈사이트 몇위로 입찰가를 설정할 것인가 이고, 입찰가 기준은 얼마로 입찰가를 설정할 것인가 입니다.

희망순위를 기준으로 입찰가 설정을 알아보겠습니다. 선택한 키워드를 '파워링크 1위' 로 입찰할 경우 키워드별 예상 입찰가(❷)가 조정됩니다. 즉, '패딩' 키워드를 파워링크 1위 자리에 노출시키기 위해서는 예상 입찰가가 500(❸)원이라는 의미입니다.

02 키워드 최적화로 입찰가와 예산 배분하기

전환 추적(전환이 발생되는 것을 확인하는 것)이 가능한 업종, 의류와 같이 쇼핑몰을 통해서 구매가 가능한 상품을 판매하는 쇼핑몰 광고주의 목적은 손해가 발생하지 않는 ROAS 이상에서 매출을 극대화 시키는 것입니다. 광고 계정의 키워드별 또는 키워드 그룹별 예산을 설정하는 경우에는 우선 현재의 예산으로 어느 정도의 노출 비율을 보일 수 있는지 확인한 후 키워드별로 사용된 광고비와 성과 보고서 등을 토대로 키워드 그룹 내 효율성이 높은 키워드를 중심으로 예산을 편성하는 것이 효율적인 예상 배분 방법입니다.

쇼핑몰의 주요 키워드에 대해서 다음과 같이 예측표를 주기적(**예**: 2주에 한번)으로 작성하여 키워드 입찰 및 예산배분을 합니다.

키워드	광고순위	입찰가	노출수	클릭수	광고비	매출	ROAS
여성정장	1	430	9,361	4,200	1,806,000	4,515,000	250
	3	360	9,361	1,800	648,000	1,944,000	300
	5	320	9,361	1,300	416,000	1,372,800	330
	7	270	9,361	880	237,600	807,840	340
	9	230	9,361	600	138,000	510,600	370
블라우스	1	390	26,074	6,500	2,535,000	7,605,000	300
	3	290	26,074	2,800	812,000	2,598,000	320
	5	260	26,074	2,000	520,000	1,768,000	340
	7	240	26,074	1,400	336,000	1,176,000	350
	9	220	26,074	920	202,400	728,640	360

예산이 충분한 상태에서 한계 ROAS가 260%라고 한다면 '여성정장' 3순위와 '블라우스' 1순위에 입찰하여 목표 매출은 9,549,000원이 될 것입니다. 반면에 예산이 1,228,000원 밖에 없는 상태에서 한계 ROAS가 315%라고 한다면 '여성정장' 5순위와 '블라우스' 3순위에 입찰하여 목표 매출은 3,971,200원이 될 것입니다.

만약 '블라우스' 만 입찰을 할 수 있고 한계 ROAS가 345%라고 한다면, '블라우스' 9순위로 입찰하면 ROAS가 360%로 7순위로 입찰하였을 때의 350%보다 높습니다. 효율적으로 생각한다면 9순위로 입찰하는 것이 맞습니다. 하지만 광고를 효율만으로 판단하는 것은 그릇된 생각이 될 수 있습니다.

예산이 336,000원이라면 한계 ROAS 이상의 선택 안이 2개 있습니다. ROAS가 360%이면서 매출이 728,640원인 경우와 ROAS가 350%이면서 매출이 1,176,000원인 경우입니다. 이런 경우 예산 범위 내에서 매출이 최대가 되는 것을 목표로 삼으시기 바랍니다. 만약 예산이 202,400원이라면 당연히 9순위로 입찰하는 수밖에 없습니다.

주요 키워드에 대해서 위의 예측표를 주기적(예: 2주에 한번)으로 작성하여 키워드 입찰 및 예산배분을 합니다.

 한계 ROAS와 매출이익률의 관계

한계 ROAS란 광고비와 매출이익이 같은 상태의 ROAS입니다.

매출×매출이익률=광고비 ─〉 (매출이익률)=광고비/매출 ─〉 (매출이익률)=1/ROAS ─〉 ROAS=1/(매출이익률)

즉, 한계 ROAS는 매출이익률의 역수입니다. 매출이익률이 40%(원가율 60%)라면 한계 ROAS는 250%이고, 매출이익률이 30%(원가율 70%)라면 한계 ROAS는 333%입니다.

03 키워드 예산 편성 시 고려해 될 문제점

키워드 광고 예산 편성 시 고려해야 될 문제점에 대해서 살펴보겠습니다. '가디건' 키워드로 예를 들어보겠습니다. '가디건' 키워드의 경우 3월과 9월에 검색량이 늘어나는 시즌성이 존재하고 그에 따라 입찰경쟁사도 늘어나게 됩니다. 경쟁사가 늘어남에 따라 일반적으로 입찰가가 상승하게 됩니다. 상품관련 키워드는 시즌성이 강한 키워드들입니다. '여자야상', '여자체크남방' 등 시즌성이 있는 키워드들에 대해서는 시즌성을 고려해서 예산을 편성해야 합니다.

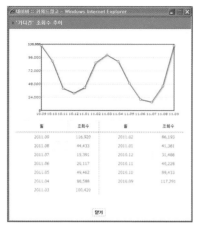
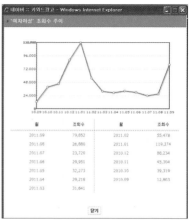

　　일정한 검색량이 유지된다고 하더라도 미래 일정시점을 예측하기 위해서는 과거의 통계량이 많아야 합니다. 위에서 사례처럼 월간 전환수가 30건 정도가 되어야 합니다. 월간 전환수가 30건이 되지 않는 키워드에 대해서는 과거의 광고결과로 미래를 예측하여 예산 편성하는 것이 어렵습니다. 따라서 이런 키워드는 아래의 순서에 따라 예산을 배분합니다.

키워드	소진액	전환수	전체대비 소진비율	전체전환 대비 전환 비율	차이
B	150,000	18	12%	15%	3%
C	360,000	12	29%	10%	-19%
D	90,000	14	7%	12%	5%
E	330,000	16	27%	14%	-13%
F	90,000	14	7%	12%	5%
G	90,000	14	7%	12%	5%
H	60,000	12	5%	10%	5%
I	30,000	10	2%	8%	6%
J	30,000	8	2%	7%	4%

❶ 전환수 비율에 따라 1차 배분 후 남은 예산을 배분합니다.
❷ C, E 키워드는 광고비 소진 대비 전환비율이 낮아서 예산이 감소되는 것이고, 나머지 키워드는 예산이 증액되는 것입니다.

❸ 키워드별로 예산배분 후에 해당 예산 범위 내에서 클릭이 극대화 되는 순위로 입찰 순위를 정하고 해당 순위에 예측되는 입찰가로 입찰합니다.

마지막으로 전환이 발생하지 않은 키워드 집합에 예산을 배분하고 해당 예산 범위 내에서 클릭이 극대화 되는 순위로 입찰 순위를 정하고 해당 순위에 예측되는 입찰가로 입찰합니다.

 키워드 그룹별 예산 설정하기

키워드 광고 그룹별 예산 배분을 효율적으로 관리하기 위해서는 기본적으로 그룹별 일일 광고 허용 예산을 설정해야 합니다.

광고 등록과 입찰 관리하기

07

01 네이버 클릭초이스 광고 등록하기

네이버 키워드 광고인 클릭초이스(CPC) 광고 등록 방법에 대해서 알아보겠습니다.

01 네이버 키워드광고 관리시스템 페이지(searchad.naver.com)에서 '로그인 후 광고관리시스템 이동' 체크 박스를 선택한 후 아이디와 패스워드를 입력하고 로그인합니다. .

02 '키워드광고 관리시스템' 페이지에서 [클릭초이스-관리] 메뉴를 선택한 후 [광고 등록하러 가기] 버튼을 클릭합니다.

03 그룹 선택의 [그룹 추가] 버튼을 클릭합니다.

04 그룹명 입력란에 그룹 이름을 작성한 후 '매체전략', '예산전략', '스케줄전략', '지역전략' 등을 설정합니다. '매체선택' 메뉴를 선택한 후 사이트의 특성에 맞는 광고 매체의 [ON] 또는 [OFF] 버튼을 선택하여 설정합니다. [ON] 버튼을 선택하면 해당 매체에 광고가 노출시킨다는 것을 의미합니다. 입찰전략 설정에서 노출의 질, 즉 입찰가중치를 설정합니다. 예를 들어 통합검색 외 페이지는 블로그 검색 탭 위 파워링크, 파워링크의 광고 더 보기, 지식쇼핑 하단의 파워링크 광고 영역에 노출됩니다.

05 '예산전략' 메뉴를 클릭한 후 클릭초이스 예산, 컨텐츠네트워크 예산, 모바일 컨텐츠 네트워크 예산 등 광고 집행 시 일일 광고 허용 예산의 상한선을 설정합니다. 생성중인 광고 그룹에 등록할 광고를 최대한 많이 노출하려면 '예산제한 없음'을 선택하고 광고의 특성에

맞춤화된 전략을 통해 효과적으로 광고를 집행하려면 '예산설정'을
선택한 후 집행 가능한 예산을 입력합니다.

06 '스케줄' 메뉴를 클릭한 후 광고 집행 기간과 요일 및 시간을 설정합
니다. 기간 설정은 사이트 이벤트, 신상품 출시 등과 같이 상황에 맞
는 기간을 설정합니다. 요일 및 시간 설정에서 '모든 요일, 모든 시
간'을 선택하면 광고 기간 동안의 모든 요일과 24시간 광고가 진행
됩니다. 효율적으로 진행하기 위해서는 '요일 및 시간 설정' 라디오
버튼을 클릭합니다.

07 쇼핑몰의 근무시간과 근무일, 고객이 많이 유입되는 시간과 요일 등과 같이 업종에 맞는 시간, 요일을 설정합니다. 월요일은 오전 10시~오후5시까지, 화요일~금요일은 오전 9시~6시까지, 토요일과 일요일은 광고가 진행되지 않도록 설정습니다. 월요일의 '00:00~01:00' 영역을 클릭하고 '08:00~09:00' 영역까지 드래그하고 '15:00~16:00' 영역까지 드래그 합니다. 이와 같은 방법으로 화요일부터 금요일까지 지정합니다.

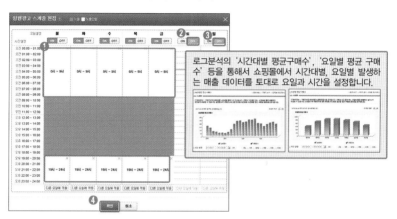

08 '지역전략' 메뉴를 선택한 후 업체의 특성에 맞는 광고를 노출할 지역을 선택합니다. 병원이라면 방문 가능한 지역을 설정하고, 전국 및 해외 배송이 가능한 쇼핑몰이라면 '모든설정'을 설정하고, 해외 배송이 되지 않는 경우에는 해외의 [OFF] 버튼을 클릭합니다. 모든 지역 설정을 마친 후 [확인] 버튼을 클릭합니다.

09 광고를 집행할 키워드를 조회한 후 집행할 키워드를 선택하고 [선택 키워드담기] 버튼을 클릭한 후 [입찰가 입력] 버튼을 클릭합니다.

10 스마트 입찰을 이용하여 한 번에 많은 키워드의 입찰관리가 가능합니다. 스마트 입찰은 '희망순위 기준'과 '입찰가 기준'으로 설정할 수 있으며, 희망순위 기준인 경우 원하는 희망순위를 선택한 후 [입찰가설정] 버튼을 클릭하면 해당 순위에 맞게 모든 키워드의 입찰가가 조정됩니다. 입찰가과 예상순위는 조정할 수 있습니다. 처음 광고를 진행하는 경우 품질지수의 인덱스 바는 기본적으로 4개가 표시되며, 광고 집행 이후 광고 집행 효율성에 따라서 변동됩니다. 키워드별 광고비와 순위를 조정한 후 [광고 문안 입력] 버튼을 클릭합니다.

11 광고 문안을 작성합니다. 광고 문안은 키워드별로 다르게 진행하거나 모든 키워드에 동일하게 적용할 수 있습니다. 부가정보는 비즈사이트 광고에 노출되는 광고 문안입니다. 표시 URL은 광고에 표시되는 도메인 주소이고, 연결 URL은 광고를 클릭했을 때 이동하는 웹페이지(일명 '랜딩페이지') 주소입니다. 연결 URL은 등록한 키워드와 관련성이 높은 페이지로 설정해야 만족도, 구매전환율 등 광고 효과가 높습니다. 광고 문안을 작성한 후 [등록내용 확인] 버튼을 클릭합니다.

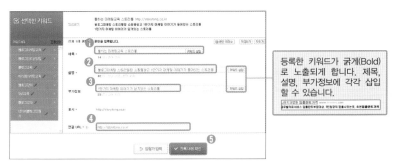

12 설정한 광고 노출 매체, 예산, 광고 스케줄, 광고 집행 지역 등을 확인한 후 [완료] 버튼을 클릭하면 CPC 방식의 키워드 광고 그룹 설정이 완성됩니다.

02 / 광고 운영 전략 최적화

키워드 광고의 운영 전략

키워드 광고 다음과 같은 과정을 통해서 광고 효과가 높은 키워드는 지속적으로 광고를 집행하고 효과가 없는 키워드는 광고를 중단하면서 꾸준히 새로운 키워드를 발굴 관리합니다.

키워드 확장 ➡ 광구문구 작성 ➡ 랜딩페이지 최적화 ➡ 광고효과 측정

- 1단계 : 키워드 구매_키워드 확장으로 ROI(투자수익률)가 높은 키워드 발굴하기
- 2단계 : 광고 문구 작성_광고효과를 높일 수 있는 문구로 작성하기
- 3단계 : 랜딩페이지 최적화하기
- 4단계 : 광고효과 측정하기

광고 관리하기

키워드 광고를 등록한 후 로그분석을 통한 광고 효과를 검증하고 그 결과를 통해서 광고 중지, 수정, 재집행 등 관리하는 방법에 대해서 알아 보겠습니다.

01 키워드광고관리시스템(searchad.naver.com)에서 [클릭초이스]-[관리]-[사이트(여기서는 스토리통)] 메뉴를 선택합니다. 그룹 목록 중 그룹명 체크 박스를 선택하고 [관리] 버튼을 클릭합니다.

02 키워드 그룹의 '매체전략', '예산전략', '스케줄전략', '지역전략' 등의 광고 집행 내용을 수정할 수 있습니다.

03 광고관리에서 광고그룹을 선택한 후 그룹 내 키워드의 광고 운영 상태(ON, OFF), 광고 키워드 삭제, 입찰가변경 등을 수정 및 관리할 수 있습니다. 키워드명 각각의 [관리] 버튼을 클릭하면 입찰가와 문안 및 운영 상태를 수정할 수 있고 체크 박스를 선택한 후 운영 상태 등을 일괄적으로 수정할 수 있습니다.

3장

광고 보고서 분석과
로그 분석 최적화

광고 보고서 이해와 분석

01 광고 보고서 기본 용어와 기본 공식 익히기

광고 보고서 분석에 필요한 기본 용어 이해하기

광고를 집행한 후 효과를 파악하기 위해서는 광고 보고서를 제대로 분석할 수 있어야 합니다. 광고 역시 시대의 흐름에 따라 변화와 혁신이 필요하며 상황에 맞는 전략을 제대로 구현할 수 있어야 하며 광고 보고서를 분석하는 것은 그 시작이라 할 수 있습니다.

네이버의 과거 광고 방법에 타임제가 있어서 키워드 한 개를 구매하면 클릭량이 아무리 많아도 고정된 금액을 지불하는 상품도 있었지만, 어느 순간부터 한달에서 일주일 단위로 클릭당 비용이 소진되는 클릭초이스 방식만 운영되고 있습니다. 그렇기 때문에 광고주 간의 키워드 경쟁은 쟁탈전이라고 표현될 만큼 치열해졌고 클릭당 단가도 계속해서 상승하고 있습니다.

이제는 광고주의 입장에서 키워드를 등록하고 광고 노출하는 것으로 해야 될 일이 끝났다고 생각하면 광고 효과를 기대하기 어려울 뿐만 아니라 헛된 광고비 지출만 늘어나게 됩니다. 이런 시점에서 더욱 치밀하고 전략적인 광고 운용이 필요하며 적절한 광고 비용과 그 효과를 판단할 수 있는 광고 보고서의 이해와 효과 분석은 더욱 중요하다고 할 수 있습니다.

광고 보고서의 데이터를 제대로 이해하고 분석하기 위해서는 기본적인 용어를 이해하고 있어야 합니다. 다음의 초보 광고주 김대리와의 대화를 보면서 광고 보고서 기본 용어에 대해서 알아보겠습니다.

김대리 : 광고 보고서 분석에 필요한 기본 용어를 좀 더 쉽게 설명해 주실
수는 없나요?

카페24 : 네이버에서 김대리님이 현재 광고를 진행하고 있는 '20대쇼핑몰'
이라고 검색해보세요. 현재 본인의 광고가 노출되나요?

김대리 : 검색 결과에 노출되지 않습니다.

카페24 : 확인해 보니 순위경쟁이 치열해서 10순위 안에 포함되어 있지 않
았습니다. 이 처럼 키워드 광고를 집행하더라도 순위에서 밀려 10
위 밖으로 밀리는 경우, 충전금이 부족한 경우 등은 광고가 노출되
지 않습니다. 이런 경우 검색을 하였을 때 내 광고가 표시되는 숫
자만 노출수가 되는 것입니다.

김대리 : 클릭수는 무엇을 의미하나요?

카페24 : 사람들은 시간의 여유가 충분하면 1순위부터 10순위까지 검색결과
에 나온 광고를 모두 클릭하지만 시간적여유가 없다면 상위 순위
나 눈에 강하게 어필하는 광고 문구의 광고를 클릭하게 됩니다. 따
라서 김대리님의 광고가 노출되더라도 클릭이 안 되는 경우가 있
습니다. '클릭수'의 의미는 광고가 노출되어, 그 광고를 소비자가
클릭하여 내 쇼핑몰로 방문한 숫자입니다.

김대리 : 클릭률은 '노출수 대비 클릭수'의 백분율이라는 것은 이해되는데,
전환수는 뭔가요?

카페24 : 김대리님이 쇼핑몰을 광고하는 최종 목적은 매출이 늘어나는 것일
것입니다. 광고를 통해서 유입된 숫자가 아니라 클릭하여 방문한 고
객이 실제 상품을 구매로 전환하면 그 숫자를 전환수로 표시합니다.

김대리 : 그렇다면 전환율은 클릭수 대비 전환수 백분율이기 때문에 당연히 알 수 있겠고, 광고비와 매출도 이해가 됩니다.

카페24 : 잠시만요. 광고비를 클릭률이 들어가 공식으로 만드실 수 있나요? 또한 매출도 클릭률이 들어가 공식으로 만드실 수 있나요?

김대리 : 잘 모르겠는데요.

카페24 : 광고비는 '=클릭수×CPC' 입니다. 클릭수는 '=노출수×클릭률'로 표시할 수 있기 때문에 광고비는 다시 '=노출수×클릭률×CPC' 로 표시할 수 있습니다.

김대리 : 그렇군요.

카페24 : 매출도 '=전환수×전환1건당 단가' 입니다. 전환수는 다시 '=클릭수×전환율'로 표시할 수 있고, 클릭수는 '=노출수×클릭률'로 표시할 수 있습니다. 즉, 매출은 '=노출수×클릭률×전환율×전환 1건당 단가' 로 표시할 수 있습니다.

카페24 : 그리고 광고를 제대로 집행하고 광고 보고서를 이해하기 위해서는 전환당비용(CPA)와 ROAS에 대해서도 알아야 됩니다. 전환당 비용은 '=광고비/전환수' 입니다. 즉 상품 한 전환 1건을 위해서 들어가 비용입니다. ROAS는 광고비대비 매출비율입니다. 예를 들어 광고비 100원에 매출이 300원이라면 (300/100)×100%이기 때문에 300%입니다. 전환당비용(CPA)과 클릭률도 공식으로 변경해 보세요.

김대리 : 광고비는 '=노출수×클릭률×CPC' 이기 때문에 CPA는 '=노출수×클릭률×CPC÷전환수' 로 나타낼 수 있습니다.

광고 보고서 분석을 위한 키워드 광고의 기본 공식

광고 보고서를 올바로 분석하기 위해서 이해하고 있어야 하는 구매건수, 광고비, 키워드 광고의 기본 공식을 알아보겠습니다.

구매 건수=클릭수(=노출수×클릭률)×구매전환율

노출수가 1,000회인 광고의 경우 클릭률이 10%라면 100번의 클릭이 발생했음을 의미하고, 구매전환율이 5%라면, 5건의 구매 건수가 발생한 것입니다.

광고비용=클릭수(=노출수×클릭률)×CPC

노출수가 1,000회, 클릭률이 10%라면 100번의 클릭이 발생했고, CPC(1명의 클릭당 광고비용)가 100원이 소요되었다면 예상되는 광고비용은 1,000원입니다. 1,000원의 광고비를 투자해서 10명의 구매자가 발생했다면 1명의 구매 고객을 만드는데 소요되는 비용은 100원으로 다음과 같은 공식으로 풀 수 있습니다.

$$CPA = \{클릭수(=노출수 \times 클릭률) \times CPC = 광고비\} \div 구매건수$$

만약 클릭수가 많더라도 구매건수가 0이라면 구매전환율은 0%가 되듯이, 위의 모든 공식은 곱하기와 나누기로 구성되기 때문에 노출수나 클릭수 등 어떤 항목 하나라도 0이 되면 전체 숫자도 0이 될 수 있습니다.

한정된 광고 예산으로 매출 올리는 기본 공식

광고 예산을 늘리면 매출도 함께 오르는 것이 일반적입니다. 즉 쇼핑몰의 매출을 수식으로 표현하면 아래와 같습니다.

$$매출 = 전환수 \times 객단가$$

매출을 올리려면 객단가를 높이거나 전환수를 늘리면 해결되고, 또는 객단가는 높이고 전환수도 함께 늘리면 매출은 더욱 올라갈 것입니다. 방문자수를 늘리려면 광고 예산을 늘려 공격적으로 광고를 집행하면 해결할 수 있습니다. 하지만 현실적으로 광고 예산을 늘리는 것은 쉽지 않기 때문에 많은 마케터들이 한정된 광고 예산, 즉 광고 예산을 늘리지 않는 상태에서 방문자수나 유입수를 늘리려고 합니다.

$$전환수 = 방문자수 \text{ 또는 } 유입수 \times 전환율$$

광고 예산을 늘리지 않고 방문자수 또는 유입수를 늘리기 위해서는 CPC 단가를 절감해야 합니다. 즉, 광고 예산을 늘리지 않는 상태에서 매출을 늘리는 방법에는 구매 전환율를 늘리는 방법, 객단가를 높이는 방법, CPC 단가를 절감하는 방법 등이 있습니다. 구매 전환율을 높이는 방법은 랜딩페이지의 최적화를 통해 해결할 수 있고, CPC 단가를 절감하는 방법은 키워드 광고 보고서, 로그분석 등을 통해서 광고 성과에 따른 광고 집행의 최적화와 무비용 광고인 입소문 마케팅 등을 통해서 방문자수를 늘리는 방법 등을 통해서 해결할 수 있습니다.

02 광고 보고서 분석과 최적화

광고를 등록해서 운영한다면 내가 운영하고 있는 광고가 효과적으로 잘 운영되고 있는지 파악할 수 있어야 합니다. 광고 운영 내용을 제대로 파악하고 분석할 수 있어야 그 다음 달 광고 전략을 세울 수 있기 때문입니다.

광고 전략을 세우기 위해서 반드시 필요한 데이터가 '광고 보고서' 입니다. 광고 보고서란 네이버, 다음, 구글 등 광고 등으로부터 집행한 광고에 대한 광고 결과를 가공하지 않은 상태로 제공 받는 보고서를 의미합니다. 네이버에서는 '광고 효과 보고서' 라고 합니다.

네이버에서 제공되는 광고 보고서를 검토할 때 주의해야 할 사항은 단순히 CTR만을 비교하여 광고 효과가 높거나 낮다고 판단하거나 평균 CPC만을 비교하여 비싸거나 나쁘다고 판단하면 안 된다는 것입니다.

광고 보고서를 분석하는 목적은 광고 효과를 개선하기 위함이며, 키워드 광고 효과가 개선되어 최적의 효과를 얻기 위해서는 광고 목표를 명확히 세워야합니다. 특히 광고 효율에 따라서 광고 집행 비용 대비 효과를 고려하여 키워드 그룹별 광고 효과를 측정하면서 지속적으로 관리하는 것이 중요합니다. 일정기간 광고 집행 후 광고에 대한 성과를 측정하고 마케팅 비용의 비율을 고려하여 광고 계획을 조율합니다.

광고 효과 보고서 분석과 최적화

네이버 광고 효과 보고서에는 '기본 보고서', '비교 보고서', '맞춤 보고서' 등 3가지 보고서가 제공됩니다. 이들 광고 효과 보고서를 통해서 '내가 등록한 키워드가 얼마나 많이 노출되고 얼마나 많이 클릭되었는지, 광고비는 얼마나 지출되었고 전환은 얼마나 발생했는지 등을 알 수 있습니다. 즉 광고 효과 보고서는 광고 효과를 데이터를 통해서 일목요연하게 검토할 수 있는 기능입니다.

01 네이버 키워드 광고 관리 시스템(searchad.naver.com)에 접속하여 로그인 후 [보고서] 메뉴에서 '기본 보고서', '비교보고서', '맞춤 보고서' 중 한 가지 메뉴를 선택하고 광고 상품명과 조회기간 등을 설정하고 [조회하기] 버튼을 클릭합니다. 여기서는 '기본 보고서'를 선택하겠습니다.

02 광고 집행에 대한 각 그룹별 클릭률, 전환수, 전환율, 전환 매출, 평균 노출 순위, 평균클릭비용 등의 광고 집행 결과 보고 내용이 나타납니다. 각 그룹을 클릭하면 그 그룹의 키워드에 대한 광고 집행 결과 보고 내용을 확인할 수 있습니다. 그룹 내 키워드별로 어떤 효과가 일어났는지 알아보기 위해서는 그룹의 [키워드 전체 보기] 버튼을 클릭합니다.

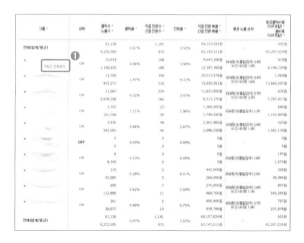

광고 그룹 보고 내용 항목

그룹 ▾	상태	**①** 클릭수 ▾ **②** 노출수 ▾	**③** 클릭률 ▾	**④** 직접 전환수 ▾ **⑤** 간접 전환수	**⑥** 전환률 ▾	**⑦** 직접 전환 매출 ▾ **⑧** 간접 전환 매출	**⑨** 평균 노출 순위	**⑩** 평균클릭비용 (VAT포함) ▾ **⑪** 총비용 (VAT포함) ▾

① **노출수(Impression)** : 검색 포털에서 해당 키워드가 검색되는 경우에 광고가 얼마나 표시되었는지를 나타내는 수치입니다.

② **클릭수(Click)** : 검색 포털에서 해당 키워드를 검색한 후에 표시된 광고 중에서 광고를 얼마나 클릭하였는지를 나타내는 수치로 '=노출수×클릭률' 입니다.

③ **클릭률(CTR)** : 노출수 대비 클릭수를 백분율로 나타낸 수치로 '=(클릭수/노출수)×100' 입니다.

④ **전환율(CVR)** : 클릭수 대비 구매전환수를 백분율로 나타낸 수치로 '=(구매전환수/클릭수)×100' 입니다.

⑤ **총비용** : 지불한 광고비용으로 '광고비=클릭당단가(CPC)×클릭수' 입니다.

⑥ **직접전환수** : 광고를 통해 유입된 트래픽이 동일한 세션(30분) 안에 일으킨 전환수입니다.

⑦ **간접전환수** : 광고를 통해 유입된 트래픽이 15일 내에 일으킨 전환수입니다.

⑧ **직접전환매출** : 직접 전환으로 일어난 전환 매출입니다.

⑨ **간접전환매출** : 간접 전환으로 일어난 전환 매출입니다.

⑩ **평균노출순위** : 기간 내 광고 노출순위의 평균값입니다. 특히 클릭초이스 광고는 실시간 경쟁 상황에 따라 광고 노출 순위 및 클릭비용이 변화하기 때문에 일정 기간 동안의 광고 효과를 나타낼 때는 평균 광고 노출 순위 지표를 사용합니다.

⑪ **평균클릭비용(평균 CPC)** : 클릭당 비용의 평균값으로 '=총비용/클릭수' 입니다.

---

03 그룹 내 설정해 놓은 세부 키워드별 광고 효과를 알 수 있고, 각 키워드의 노출수, 클릭수, 클릭율, 클릭비용 등의 데이터를 통해서 세부키워드 확장이나 쇼핑몰에서 해당 키워드의 상품을 보강하는 전략 등을 세울 수 있습니다. 다음의 광고 보고서에서 전체 클릭률은 0.67%(**①**)이고, 특정일의 클릭율은 0.86(**②**)로 1%이하 상태입니다. 만약 이런 상황에서 클릭률을 1% 이상 발생시켜야 한다면 광고비 예산을 늘려 클릭률을 높이거나 키워드를 다양하게 확장 또는 새로운 키워드로 교체해야 합니다.

날짜 ▾	노출수 ▾	클릭수 ▾	클릭률 ▾	직접 전환수 ▾ 간접 전환수	전환률 ▾	직접 전환매출 ▾ 간접 전환매출	평균클릭비용 ▾	총비용 ▾
전체	9,253,595	61,138	0.67% **①**	1,181 970	3.52%	69,157,824원 63,143,011원	692원	42,297,024원
2011-12-16	1,168,620	10,019	0.86% **②**	168 188	3.56%	9,647,206원 12,187,360원	619원	6,196,124원

 **키워드 광고 운영기준**

키워드 광고를 집행할 때는 광고의 운영 기준은 매우 중요합니다. 특히 효율적인 광고를 집행하기 위해서는 광고 집행을 중지(off)할 키워드의 운영 기준, 입찰가를 낮추어야 할 키워드의 운영 기준, 입찰가를 높여야 할 키워드의 운영 기준 등과 같이 키워드별 운영기준을 세워두면 상황에 따라서 신속하게 대응할 수 있습니다.

다음은 노출수, 클릭수, 컨버전(구매전환), 광고비 등을 고려하여 운영 상황을 결정하는 표입니다.

키워드그룹	노출수	클릭수	컨버전	광고비	운영 변경
니트	220,332	332	3	445,000	중지 off
가디건	73,822	113	3	100,500	입찰가 down
티셔츠	3,982	78	6	95,000	입찰가 up

03 광고 성과 분석과 전략

키워드 광고의 성과를 구체적으로 확인하기 위해서는 전환 분석이 필요합니다. 전환이란 광고의 성과를 측정하기 위한 기준으로, 상품을 판매하는 쇼핑몰의 경우 '주문완료'를 전환으로 판단하지만, 보험, 병의원, 마사지샵 등과 같은 서비스를 제공하는 홈페이지의 경우 바로 주문이 발생하지 않기 때문에 '상담신청'이나 '문의'와 같은 행동을 전환으로 판단합니다.

'전환 페이지'는 전환으로 판단하는 페이지로 고객이 이 페이지에서 결제 또는 신청 등을 진행하면 전환되었다고 판단합니다. 전환 페이지에 이르기까지 고객은 어느 경로, 어느 광고 등을 통해서 유입되었는지 등을 알 수 있도록 작성한 프로그램 소스를 '전환분석 스크립트'라고 합니다.

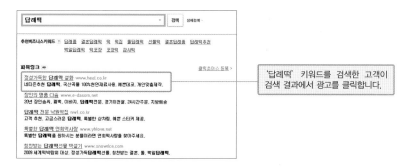

'답례떡' 키워드를 검색한 고객이 검색 결과에서 광고를 클릭합니다.

'답례떡' 키워드 광고의 랜딩페이지로 이동한 후 상품을 살펴본 결과 구매를 결정하고 [주문하기] 버튼을 클릭한 후 주문서작성 페이지에서 주문을 완료하는데, 이 페이지가 전환페이지이고 주문을 완료하면 구매 전환이 완료됩니다.

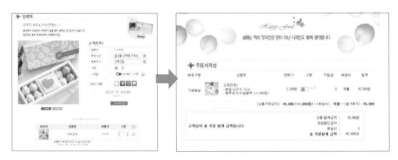

'답례떡' 키워드 광고를 집행했다면 '답례떡' 키워드로 유입된 숫자를 파악하기보다 얼마나 전환을 했는지가 더 중요한 효과 측정 기준이 됩니다. '답례떡' 키워드로 10,000명이 늘어와서 100명이 답례떡을 구입했다면 전환수는 100이고 '답례떡' 키워드의 전환율은 1%가 됩니다. 전환율은 높을수록 광고 효과가 높게 나타나고 있다고 예측할 수 있습니다.

$$전환율 = (전환수 \div 방문자수) \times 100$$

 전환 분석 스크립트 사용

전환 분석을 위해서는 전환 분석 스크립트를 쇼핑몰 주문서 작성 페이지에 삽입해야 합니다. 전환 분석 스크립트는 [관리도구]-[웹로그분석] 메뉴를 선택하면 네이버와 제휴된 웹분석 서비스 업체들의 서비스를 이용할 수 있습니다.

일간 광고 보고서 분석과 전략

다음 광고 보고서는 남성의류 쇼핑몰 A사의 10월8일~10월21일까지의 일일 광고 성과에 대한 보고서입니다.

노출수	클릭수	전환수	광고비(원)	전환매출(원)	전환율(%)	CPC	전환당비용	ROAS(%)
21,326	501	5	80,454	252,500	1	161	16,091	314
15,782	345	5	50,941	237,000	1.45	148	10,188	465
18,920	410	10	72,039	505,500	2.44	176	7,204	702
18,815	440	4	80,520	232,400	0.91	183	20,130	289
19,453	449	7	74,591	392,500	1.56	166	10,656	526
17,680	386	3	71,434	112,500	0.78	185	23,811	157
34,214	586	1	104,346	36,500	0.17	178	104,346	35
21,051	392	5	62,249	247,000	1.28	159	12,450	397
20,354	518	5	90,915	238,500	0.97	176	18,183	262
21,811	535	5	90,651	277,500	0.93	169	18,130	306
22,485	543	8	100,243	574,200	1.47	185	12,530	573
21,791	572	3	105,446	152,000	0.52	184	35,149	144
27,128	620	7	105,094	339,500	1.13	170	15,013	323
19,342	440	3	82,929	142,000	0.68	188	27,643	171
300,152	6,737	71	1,171,852	3,739,600	1.05	174	16,505	319

- 노출수 합계 : 300,152회
- 클릭수 합계 : 6,737회
- 전환수 합계 : 71
- 평균 전환율 : 1.05%
- 건당 평균 구매액 : 52,670원

11월에 광고예산으로 300만원을 책정한 경우에 클릭수를 다음과 같이 예측해 볼 수 있습니다.

- 평균 CPC : 174원이므로 3,000,000÷174=17,247회
- 전환율 : 1.05%이므로 17,247×1.05%=181건

- 1건당 평균 구매액 : 가을, 겨울시즌이 되면서 상승하여 55,000원으로 예상
- 예상매출 : 181×55,000=9,955,000원

결론은 1,000만 원 정도의 매출을 올리기 위해서 300만원의 광고예산이 필요합니다.

초보 광고주는 '매출=클릭수×전환율×1건당 평균 구매액' 과 '광고비=클릭수×CPC' 공식을 이용해서 예상매출에 따른 예상광고비를 합리적으로 책정해야 합니다. 평균 CPC나 평균 전환율은 카테고리와 세부품목에 따라서 차이가 있습니다. 의류의 경우로 예로 들어보겠습니다. 남성의류의 평균 CPC는 200원, 여성의류의 평균 CPC는 150원입니다.

오픈 후 6개월 미만의 의류 쇼핑몰 평균 전환율은 0.5~1%이고, 광고가 안정적인 단계에 이르면 평균 전환율은 1% 이상으로 높아집니다. 1건당 구매액은 10대 여성의류 쇼핑몰은 44,000원~50,000원, 20대 여성의류 쇼핑몰은 55,000원~60,000원, 헐리웃 명품스타일 쇼핑몰은 70,000원~80,000원이며 가을, 겨울철일수록 평균 구매액은 상승합니다.

10대 남성의류 쇼핑몰은 55,000원 정도, 20대 남성의류쇼핑몰은 65,000원, 남성 정장스타일 쇼핑몰은 100,000원 정도합니다. 20대 남성의류 쇼핑몰을 운영하는 쇼핑몰이 월 100만원의 광고비를 통해서 얻을 수 있는 매출은 평균 CPC는 200원, 평균 전환율 0.8%, 1건당 평균 구매액 65,000원으로 계산해 보겠습니다.

- 100만원으로 예상되는 클릭수는 1,000,000÷200=5,000회
- 5,000×0.8%×65,000=2,600,000원
- 따라서 예상되는 전환율(ROAS)은 (2,600,000÷1,000,000)×100=260%

전환율을 높일 수 있는 방법은 다음과 같습니다.

❶ 세부키워드나 낮은 순위로 입찰하여 평균 CPC를 낮추어서 방문자를 늘립니다.

❷ 랜딩페이지의 경쟁력을 향상시켜 전환율을 높입니다.

❸ 코디상품을 일괄 구매할 수 있게 유도하거나 대량 구매에 대한 혜택을 제공함으로써 1건당 평균 구매액을 증가시킵니다.

키워드별 광고 보고서 분석과 전략

광고 보고서 분석에 따른 키워드 입찰가 변경과 순위조절에 대해서 알아보겠습니다. 다음은 10대 여성의류 쇼핑몰 A사의 9월 광고 보고서 중 '10대쇼핑몰'과 '가디건'의 키워드별 광고 성과 자료입니다.

노출수	노출수	클릭수	전환수	광고비	매출	전환율	CPC	CPA	ROAS	평균순위
10대 쇼핑몰	92,248	10,458	352	2,898,742	16,988,640	3.37	277	8,235	586	4.4
가디건	83,028	1,632	24	663,828	931,500	1.47	407	27,660	140	8.0

1건당 구매단가를 구해보겠습니다. 1건당 구매단가는 '=매출÷전환수'로 계산하며, '10대쇼핑몰' 키워드의 1건당 구매단가는 16,988,640÷352=48,263원입니다.

목표 ROAS가 250%라고 가정하면 최대 CPA는 19,305원이고, 전환율 3.37%를 곱하면 최대입찰 CPC는 651원입니다. 현재 277원으로 평균 4.4순위로 입찰되고 있으므로 입찰가를 높여서 평균 순위를 올리는 전략을 세워야 합니다.

'가디건'의 1건당 구매단가는 38,813원입니다. 목표 ROAS가 250%라고 하면 최대 CPA는 15,525원이고 전환율 1.47%를 곱하면 최대입찰 CPC는 306원입니다. 따라서 현재 407원으로 평균 8순위로 입찰되고 있기 때문에 입찰가를 낮추어서 평균 순위를 내리는 전략을 써야 합니다.

하지만 위와 같은 결정은 과거의 일정기간 동안 발생한 사건이 미래의 일정기간 동안 동일하게 발생할 것이라는 가정을 포함하고 있습니다. 특히 전환율은 순위에 관계없이 일정하다는 가정을 포함하고 있습니다.

04 신생 쇼핑몰과 전환추적이 어려운 업종의 키워드 광고 전략

처음 광고를 시작하는 쇼핑몰이나 상담이나 신청 등 사이트의 특성상 전환추적이 어려운 업종은 개별 키워드의 순위별 예상 CPC, 예상 노출수, 예상 클릭수, 예상 광고비 등의 정보를 이용해서 주어진 비용 범위 내에서 클릭이 극대화될 수 있게 합니다.

키워드	광고순위	입찰가	노출수	클릭수	광고비
여성정장	1	430	9,361	4,200	1,806,000
	3	360	9,361	1,800	648,000
	5	320	9,361	1,300	416,000
	7	270	9,361	880	237,600
	9	230	9,361	600	138,000
블라우스	1	390	26,074	6,500	2,535,000
	3	290	26,074	2,800	812,000
	5	260	26,074	2,000	520,000
	7	240	26,074	1,400	336,000
	9	220	26,074	920	202,400

*위와 같은 자료 상태에서 다음과 같은 상황이라면 그 상황에 맞게 입찰합니다.

❶ 광고예산이 202,400원인 경우라면
'블라우스' 키워드를 9순위로 입찰하여 목표 클릭수를 920으로 설정하는 것이 합당합니다.

❷ 광고예산이 340,400원인 경우라면
'블라우스' 키워드를 9순위로 입찰하고, '여성정장'를 9순위로 입찰하여 목표 클릭수를 1,520으로 설정하는 것이 합당합니다.

❸ 예산이 충분하다면
여성정장 1순위와 블라우스 1순위로 입찰하여 총광고비용을 4,341,000원으로 사용하고 목표 클릭수를 10,700으로 설정하는 것이 합당합니다.

예상매출을 정할 수 없는 신생 쇼핑몰과 전환추적이 어려운 쇼핑몰의 경우 위와 같은 모델을 사용하여 키워드를 최적화합니다.

05 / 광고 보고서의 올바른 데이터 분석과 개선 전략

어떻게 광고 집행을 해야 광고 효과를 높일 수 있을까? 광고 집행은 '키워드 분석 〉 광고 기획 〉 결과 분석'이라는 광고 운영이 계속 순환되는 과정에서 광고 효과가 떨어지는 키워드를 필터링하면 광고 효과를 개선할 수 있습니다. 특히 결과 분석은 광고 보고서를 통해서 개선 사항을 찾을 수 있어야 합니다.

광고 보고서는 전달과 비교 분석하여 전달 대비 클릭률이 떨어졌다면 그 원인을 찾을 수 있어야 합니다. 다음은 10월과 11월의 광고 요약 보고 서입니다.

광고시기	노출수	CTR	클릭수	CPC	구매 전환율	구매건수	CPS	광고비
10월	50,000	2.0%	1,000	100	1.0%	10	10,000	100,000
11월	100,000	0.7%	700	100	1.0%	7	10,000	70,000

클릭률(CTR)이 2.0%에서 0.7%로 1/3 정도로 떨어진 상황입니다. 클릭률이 떨어진 상황만으로는 무엇이 문제인지 알 수 없으며, 이런 경우 키워드별 세부 광고 보고서를 살펴보면 그 원인을 찾아낼 수 있습니다.

키워드	노출수	CTR	클릭수	CPC	광고비
제주도감귤	69,201	0.2%	138	350	48,300
진영단감	64,679	0.1%	65	200	13,000
호박고구마	11,942	1.9%	227	350	79,450
밤고구마	9,292	2.1%	195	250	48,750
청송사과	7,201	3.3%	237	150	35,550
나주배	5,295	2.8%	148	150	22,200
수미감					
곶감					
멜론	522	1.2%	6	100	600
한우특별전	102	1.3%	1	150	150
합계	160,231	0.9%	1,192	200	1,200,500

◆ 키워드별 세부 광고 보고서

위 광고 보고서의 클릭률(CTR)은 0.9%로 낮게 나온 이유는 노출수 비중이 가장 많은 '제주도감귤'과 '진영단감' 키워드의 비중이 전체 노출수의 80%를 차지하지만, 클릭률(CTR)은 '제주도감귤' 키워드가 0.2%, '진영단감' 키워드가 0.1%에 불과하기 때문입니다.

만약 이 두 키워드를 제외한다면 다음 표와 같이 전체 클릭률(CTR)은 2.2%, 클릭수 989, 광고비는 1,139,200원입니다. 클릭률이 갑자기 떨어지는 경우 위와 같이 키워드별 세부 광고 보고서를 살펴보는 것이 가장 효율적인 방법입니다.

노출수	CTR	클릭수	CPC	광고비
26,351	2.2%	989	180	1,139,200

하지만 클릭률을 증대시키고 광고 방법을 잘 선정했다고 해도 전환율, 구매건수, CPA가 좋아진다고 할 수는 없습니다. 전환율, 구매건수, CPA는 랜딩페이지의 품질에 의해서 좌우되는 요소들이기 때문입니다. 특히 제대로 광고를 집행하고 있는데도 매출이 증가하지 않는 경우에는 가장 먼저 전환율을 살펴보아야 합니다.

다음 보고서에서 전환율이 0%이거나 쇼핑몰의 평균 전환율 이하의 키워드 등 쇼핑몰 광고 효과를 저해하는 키워드, 즉 매출이 발생하는 키워드와 매출이 발생하지 않은 키워드를 체크한 후 매출이 발생하지 않은 키워드는 광고 효과가 개선되기 전까지는 광고를 중단하거나 개선한 후 재집행합니다.

키워드	노출수	CTR	클릭수	CPC	전환수	전환율
제주도감귤	69,201	0.2%	138	350	3	0.3%
진영단감	64,679	0.1%	65	200	5	0.4%
호박고구마	11,942	1.9%	227	350	4	0.5%
밤고구마	9,292	2.1%	195	250	4	0.7%
청송사과	7,201	3.3%	237	150	7	0.2%
나주배	5,295	2.8%	148	150	0	0.0%
감미감자						
맑은						
멜론	522	1.2%	6	100	2	0%
한우특별전	102	1.3%	1	150	0	0%
합계	160,231	0.9%	1,192	200	123	100.0%

 CPA란?

CPA(Cost Per Action)는 '=광고비/전환수'로 전환 1건당 비용을 의미합니다.

06 광고비 예산을 효율적으로 활용하는 나만의 전략 세우기

효율적인 광고비 예산 설정 전략

광고비 설정 시 '일일 예산 설정 기능'을 사용하는 목적은 광고 운영자가 집행할 수 있는 광고 예산의 범위 내에서 효율적으로 광고를 운영하기 위함입니다.

하루 동안 집행 가능한 '일일광고허용예산' 의 예산을 모두 소진하면 광고는 자동으로 차단됩니다. 이 기능은 광고의 과소진을 차단하기 위해 필수로 설정하는 기능입니다. 즉 하루에 얼마를 설정할지는 월 예상 광고비에 나누어서 설정합니다. 예를 들어 하루 50,000원이라면 한 달 150만원의 광고비가 설정됩니다.

하지만 무조건 일일 예산을 설정해둘 필요는 없습니다. 만약 1,000만원의 광고비를 투자해서 5,000만 원의 이익이 발생한다면 굳이 '일일 예산 설정' 기능을 사용할 필요 없이 광고를 최대한으로 증대시킬 필요가 있습니다. 즉 광고비 대비 효율성이 높은 키워드에 대해서 별도의 키워드그룹을 만들어 일일 예산 설정 기능을 사용하지 않는 것이 좋고, 광고비 대비 효율성이 많이 떨어지는 키워드에 대해서는 일일 예산 설정 기능을 사용 상태로 설정해야 광고비 운영의 효율성이 떨어지지 않습니다.

네이버 키워드 광고의 경우 '예산전략' 메뉴를 클릭한 후 '클릭초이스' 와 '컨텐츠 네트워크', '모바일 컨텐츠 네트워크'에 각각 하루 동안 광고 그룹에서 지출할 비용에 상한선을 설정할 수 있습니다.

◆ 네이버 키워드 광고의 일일 광고허용 예산 설정 기능

광고 스케줄 전략 최적화

광고 스케줄은 광고 기간 설정과 요일 및 시간 설정을 할 수 있습니다. 광고 기간설정(❶)을 광고비 소진 시 자동으로 차단되기 때문에 쇼핑몰의 특별의 이벤트 및 행사가 있는 경우를 제외하고는 기본 설정으로 하는 것이 좋습니다.

요일 및 시간 설정(❷)을 하는 이유는 효율적인 광고 운영을 하기 위함이기 때문입니다. 예를 들어 하루 광고비로 소진할 수 있는 일일지출한도가 설정된 상태에서 새벽시간에 광고비가 모두 소진된다면 정작 구매전환율이 높게 발생하는 점심 시간대나 저녁 시간대에 노출 중단되는 불상사가 발생할 수 있기 때문입니다. 즉 광고비가 한정되어 있는 상태라면 자신의 쇼핑몰에서 구매 전환율이 가장 많이 발생하는 시간대에 집중적으로 노출하는 것이 매출을 올리는 전략이라 할 수 있습니다.

그림과 같이 배송이 이루어지지 않는 요일(토요일과 일요일 ❹)은 노출을 제한해서 광고비를 낭비하는 것을 줄여서 절약하고, 절약한 그 금액을 광고 효과가 높은 요일에 더 집중시키는 것이 바람직합니다.

07 재구매율 분석과 체크 항목

재구매는 쇼핑몰 운영에서 가장 중요한 분석 항목으로 쇼핑몰 운영자들 사이에서는 "고객의 재구매 기간에 따라서 울고 웃는다."라는 말이 있습니다. 쇼핑몰은 일반적으로 고객의 재구매 기간이 짧을수록 평균 매출도 늘어나기 때문에 고객의 재구매율 분석이 중요할 수밖에 없습니다.

재구매는 주기는 품목의 특성에 따라서 달라질 수 있습니다. '아기 침대'와 같은 품목은 재구매가 거의 발생하지 않는 품목이고, '아기 기저귀'와 같은 품목은 꾸준한 재구매가 발생하는 품목입니다. 꾸준한 재구매가 발생하는 품목임에도 불구하고 재구매가 발생하지 않는다면 신규 고객을 통해서만 매출이 발생하기 때문에 매출 성장 곡선의 한계가 있을 수밖에 없습니다.

예를 들어 평균적으로 일주일에 한 번씩 5번 정도 재구매가 발생한다고 가정해보겠습니다. 쇼핑몰 오픈 후 첫 번째 주에 1,000명이 모두 구매하여 1,000번 구매가 발생하고, 두 번째 주에도 1,000명의 고객을 통해서 1,000번의 재구매가 발생하는 식으로 다섯 번째 주까지도 1,000명의 고객을 통해서 1,000번의 구매가 발생합니다. 평균적으로 일주일에 한 번씩 5번 정도 재구매가 종료되는 그 이후에도 꾸준히 증가해야 매출의 상승 곡선을 나타냅니다. 하지만 오픈 6주 이후에는 매출이 증가하지 않는다면 다음 세 가지 항목을 우선적으로 체크해야 합니다.

❶ 신규 고객 유입수가 정체하지 않고 꾸준히 증가하고 있는가?

신규 고객의 유입수를 늘리기 위해서는 키워드 광고 시 세부키워드 외 대표키워드를 조금씩 시도해보거나 이메일 마케팅, 이벤트, SNS 마케팅, 프로모션 등 기존 고객의 이탈 방지 및 재구매 촉구와 함께 신규 고객 유입수 증가 목적의 다양한 마케팅을 시도합니다.

예를 들어 남성의류 1위 쇼핑몰인 멋남의 경우도 기존의 키워드 광고, 브랜드 광고 등외에도 소셜커머스를 통한 자유이용권 프로모션으로 새로운 신규 고객 유입 등 트렌드에 맞게 광고나 홍보를 개발합니다.

❷ 판매하는 품목이 소모적인 품목인가? 비소모적인 품목인가?

쇼핑몰이 비소모적인 품목으로만 구성되어 있다면 기존 고객들이 재구매가 꾸준히 발생할 수 있도록 소모적인 새로운 상품을 발굴합니다.

> "범퍼침대 전문 쇼핑몰 골든베이비의 주력 상품은 유아 침대입니다. 유아 침대는 한 번 구매하면 재구매가 발생하지 않기 때문에 4계절 침구용품, 커버 세트 등 재구매가 발생하는 기타 용품들을 추가적으로 구성하여 꾸준한 매출 증가를 기대할 수 있었습니다._골든베이비"

❸ 신상품의 수, 품목의 다양성 등 재구매할 수 있는 상품 구성인가?

쇼핑몰에 팔릴만한 상품들이 많을수록 매출은 늘어나기 마련이고, 주기적으로 새로운 상품이 등록되면 재구매를 통한 매출이 늘어나기 마련입니다.

광고 효과 분석을 위한 로그분석 최적화

01 쇼핑몰 로그분석이란

쇼핑몰 광고 집행 후 우리 쇼핑몰에 온 방문자 수는 몇 명이고, 어떤 경로로 들어오는지, 어떤 키워드로 들어오는지, 광고 효과가 어떠한지, 전환율을 어떠한지 등 쇼핑몰을 방문한 고객들이 어떻게 접속(유입)되고, 무엇에 관심이 있는지 등과 같은 고객의 흔적, 즉 사이트 접속한 이후의 고객이 행동들이 로그파일(log file) 형태로 저장됩니다.

로그파일은 쇼핑몰을 방문한 방문자의 ip 주소로부터 언제 들어왔고, 들어와서 무엇을 했는지, 어떤 키워드에 관심을 갖는지, 어떤 상품이나 서비스에 관심을 갖는지, 언제 빠져나갔는지 등 이동 현황 일체가 저장되어 있는 파일입니다.

```
1314324  2 2011-08-26/11:07:02 213.      62과
1314324  6 2011-08-26/11:10:36 59.6      4와
1314324  2 2011-08-26/11:10:42 59.6      54와
1314324  1 2011-08-26/11:10:49 59.6      57과
1314324  1 2011-08-26/11:15:01 195.      43과
1314325  1 2011-08-26/11:17:12 41.2      85외
1314325  1 2011-08-26/11:19:01 193.      과 60
1314325  2 2011-08-26/11:22:37 190.      ST 9
1314325  1 2011-08-26/11:27:31 142.      67과
1314326  1 2011-08-26/11:43:51 24.4      53과
1314326  2 2011-08-26/11:48:51 212.      13과
1314327  4 2011-08-26/12:01:44 119.      과
1314327  6 2011-08-26/12:02:25 86.9      69와
1314328  5 2011-08-26/12:13:05 186.      ST 5
1314329  2 2011-08-26/12:21:48 212.      ST 1
```

◆ 로그파일

이 로그파일의 데이터를 분석하여 효율적으로 사이트를 운영하는데 활용하는 것을 '로그분석' 이라고 합니다. 로그 파일은 영문자와 숫자가 혼합되어 표시되어 육안으로 구분하기 쉽지 않기 때문에 에이스카운터 등 전문 로그분석 툴이 필요하며, 임대형 쇼핑몰에서 자체적으로 로그분석 기능이 제공됩니다.

로그분석 방법은 위와 같은 로그 파일을 분석하는 방식과 직접 웹사이트에 분석용 스크립트를 삽입하여 분석하는 방식이 있습니다. 로그파일 분석 방식은 로그파일의 분석데이터가 계속 쌓이기 때문에 부담이 클 수밖에 없습니다. 하지만 스크립트 삽입 분석 방식은 분석데이터가 쌓이는 부담이 없고 실시간 분석이 용이하기 때문에 임대형 솔루션 등에 많이 사용하는 로그 분석 방식입니다.

카페24 쇼핑몰 솔루션의 관리자 메뉴의 '접속통계'에는 쇼핑몰의 로그분석 기능이 포함되어 있으며 쇼핑몰 접속 통계 분석서비스입니다. 접속통계 기능은 시간의 흐름(시간별/일별/월별)에 따른 방문자와 매출에 대하여 분석하며, 이 분석데이터를 바탕으로 보다 나은 쇼핑몰을 운영할 수 있습니다. 또한 쇼핑몰 내 고객의 행동에 대한 자료를 습득할 수 있습니다. '누가 방문했는가?'는 방문자 분석을 통해서, '얼마나 많이 방문했는가는?'는 페이지 뷰, 순방문자수, 체류시간을 통해서, '어떤 경로를 통해 방문했는가?'는 유입경로분석을 통해서 확인할 수 있습니다.

카페24의 접속통계 서비스는 무료로 제공하는 서비스와 유료로 제공하는 서비스가 있으며, 매출분석 등 원(\) 표시된 서비스는 유료서비스로 1년에 55,000원(VAT 포함)입니다.

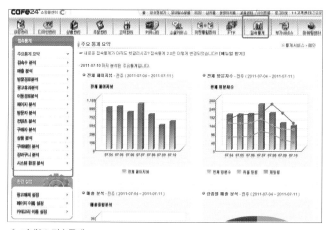

◆ 커패24 접속통계

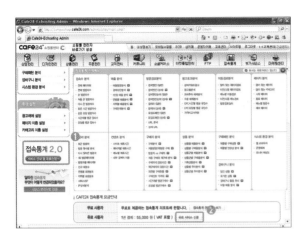

02 접속수 분석하기

쇼핑몰의 전체 페이지뷰 분석하기 _ [접속수 분석]–[전체 페이지뷰]

쇼핑몰의 전체 페이지뷰란 쇼핑몰의 페이지가 열린 횟수를 의미합니다. 즉, 방문자들이 쇼핑몰을 방문하여 열어 본 페이지 수의 합이 페이지뷰입니다. 예를 들어, 한명의 방문객이 쇼핑몰에 방문하여 '메인 페이지 〉 카테고리 페이지 〉 상품상세 페이지'를 보았다면 페이지 뷰는 3이 됩니다. 일반적으로 방문 수는 페이지뷰와 정비례하며 방문 수가 많으면 페이지뷰도 많이 발생하고, 방문 수가 낮으면 페이지뷰도 그 만큼 적게 발생합니다.

페이지뷰 분석을 통해서 주중에서 어느 요일이, 하루 중 어느 시간대에 가장 많은 트래픽이 발생하는지, 1년 중 어떤 달이 가장 트래픽이 높은지 등을 판단할 수 있습니다. 분석한 페이지뷰 결과는 지난주의 동일 기간, 지단 달의 동일 기간, 지난해의 동일 기간 등에 비해서 사이트의 방문자들이 얼마나 증가했는지 등을 비교할 수 있고, 그 결과에 따라서 무엇을 개선해야 하는지 등을 알 수 있습니다.

01 Cafe24 EC호스팅(echosting.cafe24.com/shop) 쇼핑몰 관리자 페이지에서 상점 아이디와 비밀번호를 입력한 후 [로그인] 버튼을 클릭합니다.

02 카페24 관리자 페이지에서 [접속통계]-[접속수 분석]-[전체 페이지뷰] 메뉴를 선택한 후 조회기간을 선택하고 [조회] 버튼을 클릭합니다.

03 상세통계의 출력 형태에서 드롭버튼을 클릭하여 '시간 단위'를 선택합니다. 요일별 전체 페이지뷰 그래프가 시간 단위(❷)로 표시됩니다. 다음 전체 페이지뷰의 접속 통계는 오전 9시부터 증가하기 시작하여 오후 4시에 가장 높게 증가하고 오후 5시를 기점으로 감소하다가 저녁 8시를 기점으로 소폭 증가한 후 12시를 기점으로 급감합\니다.

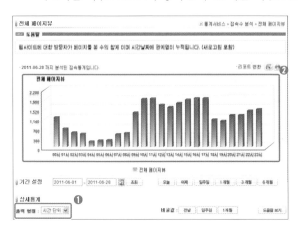

전체 방문자수 분석하기 _ [접속수 분석]–[전체 방문자수]

전체 방문자수란 웹사이트에 방문한 전체 방문수를 의미합니다. 방문자의 세션(session)을 기준으로 측정합니다. 사이트를 방문하여 페이지뷰 발생 후 다음 페이지 뷰의 발생간격이 일정 세션시간 이내로서 지속적인 이동이 있어야만 유지됩니다. 세션이 유지되고 있는 브라우저를 닫지 않고 다시 방문하게 될 경우 방문자수는 증가하지 않습니다. 방문수는 신규방문과 재방문의 합이기 때문에 반드시 처음 방문과 재방문의 대한 비율 비교합니다.

❶ 처음 방문자 수과 재방문자 수 모두 증가한 경우

처음 방문자 수와 재 방문자 수가 모두 증가한 것은 전체적인 방문자 수가 증가했다는 것을 의미합니다. 다양한 온라인 마케팅이 효과를 발휘하며, 처음 방문자 수가 증가한 것입니다. 처음 방문자 수가 이후에도 다시 찾아오는 선순환 구조를 가지고 있으므로 재방문자도 증가하였다고 볼 수 있습니다.

❷ 처음 방문자 수는 증가, 재방문자 수는 감소한 경우

광고 등 마케팅 효과로 처음 방문이 증가하였으나 방문한 처음방문자가 다시 찾고 있지 않다는 것을 의미입니다. 재방문률이 저조한 이유는 상품에 만족하지 못하거나, 쇼핑몰에서 쇼핑하기가 복잡한 구조 등 다양한 원인이 있을 수 있기 때문에 한 번 방문한 방문자가 다시 사이트를 찾아올 수 있도록 그 원인을 찾아서 해결해야 합니다.

❸ 처음 방문 감소, 재방문 증가

처음 방문이 감소하는 것은 유입출처 확보가 제대로 되어 있지 않은 경우라고 할 수 있습니다. 재방문수가 증가하고 있다는 것은 방문자들의 사이트 호감도가 비교적 양호하며, 상품 및 컨텐츠가 관심을 받고 있다는 것을 의미합니다. 광고 및 홍보 채널을 키워드별로 점검하거나 홍보 채널을 점검하여 처음 방문이 늘어날 수 있게 합니다.

❹ 처음 방문 감소, 재방문 감소

쇼핑몰 운영에 대한 전반적인 검토가 필요합니다. 마케팅이 적절한 효과를 보이지 못하고 있으며, 쇼핑몰 내부에도 문제가 있을 수 있습니다. 마케팅에 집중하여 처음 방문을 증가시키기 전에 사이트 내부의 문제점은 없는지 검증하여 수정 후에 시행하는 것이 좀 더 효과적일 것입니다.

 세션(session)

프로세스들 사이에서 통신을 하기 위해 메시지 교환을 통해 서로를 인식한 이후부터 통신을 마칠 때까지의 기간. 접속통계에서는 일반적으로 30분~1시간을 세션으로 잡습니다

처음 온 방문자 수 분석하기 _ [접속수 분석]−[처음 온 방문자수]

처음 온 방문자 수는 사이트에 최초로 방문한 방문자 수를 말합니다. 내 사이트에 처음 온 방문자는 사이트가 어떤 상품을 판매하는지 명확히 모르거나 수초 안에 사이트를 이탈할 수 있는 방문자이기 때문에 랜딩페이지에서 어떤 상품을 판매하는지 명확하게 전달할 수 있어야하고, 원하는 상품이나 서비스를 최대한 빠르게 찾아볼 수 있도록 바꾸어야 재방문자가 될 수 있습니다.

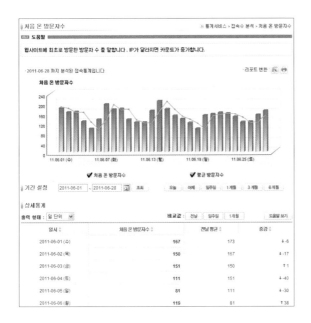

처음 온 방문자들은 키워드 광고, 블로그, 카페, SNS 등 다양한 채널을 통해 유입됩니다. 어떤 채널을 통해서 유입되든 방문한 목적과 부합하지 않거나 키워드와 매치하지 않거나 관련성이 떨어진다면 사이트를 바로 이탈할 확률이 매우 높습니다.

처음 온 방문자가 내 쇼핑몰에서 '랜딩페이지 → 상품 상세 보기 → 상품 검색 → 장바구니 → 결제' 등 어떤 단계로 이동하는지 이동 경로를 파악하여 이동 경로가 원활하게 될 때 매출도 극대화시킬 수 있습니다.

실제로 처음 온 방문자의 로그분석은 '랜딩페이지 → 이탈', '랜딩페이지 → 상품검색 → 이탈' 등과 같이 짧은 경우가 대부분입니다.

최적의 상황은 처음 온 방문자가 결제 페이지까지 이동할 수 있게 만드는 것이고 만약 '랜딩페이지 → 이탈'과 같은 현상이 계속 발생한다면 신속하게 점검하고 문제점을 수정해야 될 필요가 있습니다.

재방문자 수 분석하기 _ [접속수 분석]-[다시 온 방문자수]

재방문자(다시 온 방문자)는 사이트를 다시 방문한 방문자로 이전에 웹사이트에 방문 경험이 한 번 이상 있는 방문자를 말합니다. 재방문자는 한 번 이상 방문한 경험이 있기 때문에 사이트에 대한 기본적인 신뢰가 바탕이 되기 때문에 처음 방문자보다 구매 결정이 빠르고 구매전환율이 높습니다. 처음 방문자를 얼마나 재방문자로 만드는가는 사이트를 강하게 성장시킬 수 있는 원동력이 됩니다.

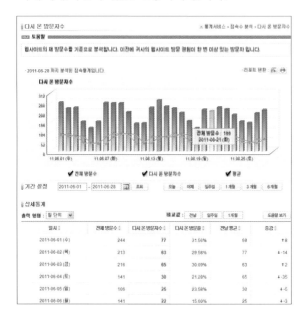

❶ 재방문자 수가 높은 경우

사이트 충성도가 비교적 높은 방문객들이 많으며 사용자가 사이트가 제공하는 정보에 대한 만족감이 비교적 큰 경우입니다. 또는 재방문을 유도한 활동(뉴스레터, 이메일, 블로그 마케팅, SNS 홍보 등)을 했거나 특정한 컨텐츠를 지속적으로 제공하는 경우입니다. 주로 커뮤니티의 성격이 강한 경우에 많이 나타납니다.

❷ 재방문자 수가 점점 감소하는 경우

키워드 광고, 검색광고, 다양한 마케팅 등을 통해서 신규 방문자 수는 증가하고 있지만 이들이 다시 사이트를 방문하지 않고 있다는 것을 의미합니다. 즉 신규 방문자를 유입시키는 마케팅에는 성과가 있지만 사이트의 로딩시간이 길거나 원하는 컨텐츠(정보, 상품)를 찾기가 어려운 경우 등으로 유입된 방문자를 재방문자로 만들기에 무언가 부족하든 것을 의미합니다.

시간대와 요일별 평균 접속수 분석하기

_ [접속수 분석]−[같은 시간 방문자수/같은 요일 방문자수]

쇼핑몰을 방문하는 방문자가 어느 요일의 어느 시간대에 주로 접속하는지를 분석할 수 있습니다. 선택한 기간 동안 어느 시간대에 페이지뷰가 높았는지, 방문수가 많았는지를 비교하여 분석할 수 있습니다. 사용자들이 많이 접속하는 주 시간대에는 광고나 이벤트를 집중적으로 진행해 효과를 더욱 높일 수 있습니다. 또한 사이트 점검 등 일시적으로 운영을 중단할 경우, 방문수가 가장 적은 시간대를 선택해 작업하면 고객의 불만을 최소화할 수 있습니다.

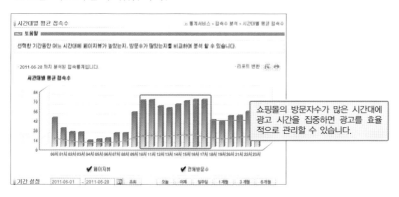

선택한 기간 동안 어느 요일에 페이지뷰가 높았는지, 방문수가 많았는지를 비교하여 분석할 수 있습니다. 카페24 관리자 페이지에서 [접속통계]−[접속수 분석]−[요일별 평균 접속수] 메뉴를 선택합니다.

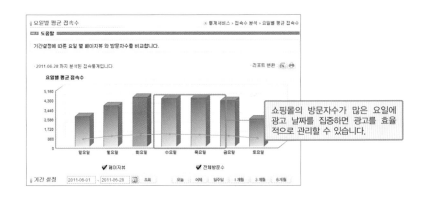

03 매출 분석하기

쇼핑몰 매출 종합 분석하기 _ [매출분석]-[매출종합분석]

결제완료 된 일자를 기준으로 구매자수, 구매건수, 구매개수 등을 집계합니다.

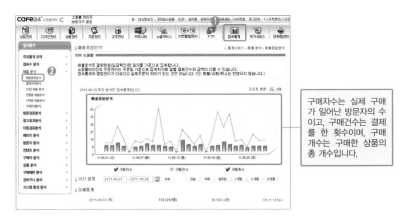

매출분석 데이터에 다음 그림과 같이 구매자수가 한 주간 또는 일정 기간 동안 계속 한다면 감소❶하는 구매 결과가 발생한다면 쇼핑몰의 문제점은 없는지 반드시 체크해야 합니다. 만약 이 한주동안 쇼핑몰 리뉴얼 등으로 인한 개편 등의 문제, 판매 상품의 큰 변화, 광고 정책의 변

화 등으로 발생할 수 있는 현상이지만 그렇지 않은 경우에는 상품 구성
의 문제점이나 광고 전략의 문제점은 없는지 반드시 체크해야 합니다.

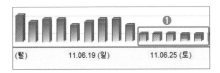

객단가 분석하기 _ [매출분석]-[방문고객 1인당 매출 분석]

　객단가는 방문 고객의 1인당 평균 매출액으로 결제완료(입금완료)된
금액(=매출액÷방문자수)입니다. 방문고객 1인당 평균적으로 발생하는
매출액을 추산할 수 있습니다. 인당 매출액, 페이지뷰당 매출액도 제공
됩니다.

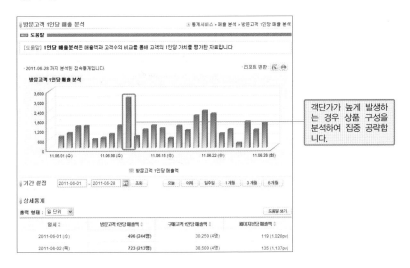

구매 단계 분석하기 _ [매출분석]-[구매단계분석]

　상품조회부터 결제 후 구매완료까지의 단계 중 접속횟수가 많은 단계
와 이탈 횟수를 분석합니다. 접속횟수는 해당하는 페이지를 방문한 모든
방문자의 수를 집계한 것입니다. 이탈횟수는 전 단계에 있었던 방문자
중 다음 단계로 넘어가지 않고 다른 곳으로 이동한 방문자의 수입니다.

구매과정에서 왜 방문자가 이탈하는가에 대한 정확한 분석은 쇼핑몰의 매출을 향상시키는데 큰 도움을 줄 수 있습니다. 이탈율은 전 단계에서 다음단계로 이동할 때, 얼마나 많은 비율로 사람들이 이탈하는가에 대한 값이며, 이탈율이 지나치게 높다면 그 원인을 분석해야 합니다. 구매도달율은 상품을 상세 조회한 방문자가 최종적으로 몇 명이나 상품을 구입하는가를 한 눈에 알 수 있습니다.

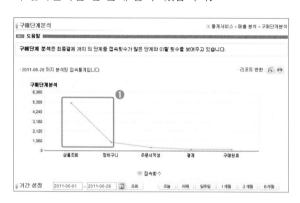

위 구매 단계 분석 데이터에서 상품조회 단계에서 장바구니 단계로 이동하는 단계(❶)에서 이탈율이 급격히 증가합니다. 광고 키워드와 랜딩 페이지 매치율, 상품 구성, 상품의 경쟁력 등 다양한 원인이 있을 수 있기 때문에 그 원인을 분석합니다.

04 방문 경로와 이동 경로 분석

내 사이트에 방문한 방문자들은 어떻게 이동하고, 어떤 페이지에서 빠져나가는 것일까? 방문자들의 이동 경로를 분석하면 내 사이트의 전체적인 이동 흐름을 알 수 있고 어떤 페이지가 문제인지 등을 분석할 수 있습니다.

검색 엔진의 유입 경로 분석하기 _ 방문경로분석]-[검색 엔진(일반)]

어떤 검색 엔진의 어떤 경로를 통해 쇼핑몰에 유입되었는지를 분석합니다. 단, 검색 엔진을 통해 유입된 검색어만 집계합니다. 분석한 결과를 토대로 유입률이 높은 검색 엔진에 광고 비중을 높여 좀 더 효율적인 광고 집행을 할 수 있습니다. 다음은 검색 엔진의 유입율을 분석한 표입니다. 네이버의 비중이 약 85%이기 때문에 네이버 키워드 광고 등의 비중을 높이는 것이 바람직합니다.

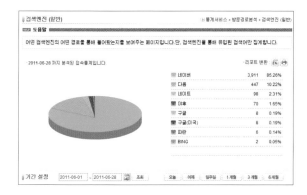

방문 경로 깊이 분석하기 _ [이동경로분석]-[방문경로깊이]

방문한 고객이 사이트 내에서 이동한 페이지의 수를 경로 깊이로 분류하여 나타냅니다. 즉 방문 경로 깊이는 방문자들이 평균적으로 몇 페이지나 보았는지를 의미하며, 각 항목별로 방문자수와 차지하는 비율이 나타납니다. 페이지 방문 경로를 분석하는 이유는 보다 많은 방문자들이 사이트 내부로 깊숙이, 즉 여러 페이지로 이동해 갈 수 있도록 하는데 있습니다.

다음 분석표에서 1페이지, 즉 랜딩페이지만 보고 바로 빠져나간 비중이 60.05%(❶)로 높게 나타났기 때문에 랜딩페이지에 어떠한 문제가 있어서 방문자들이 더 이상 사이트 내부로 이동하지 않고 빠져나가는지 그 원인을 파악하고 대처해야 합니다.

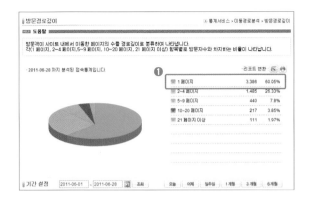

❶ 이동 경로의 깊이 값이 많은 경우

사용자가 비교적 편리하게 웹사이트를 이동하고 있다고 할 수 있거나 랜딩페이지에서 원하는 정보나 상품을 찾지 못하는 경우일 수도 있습니다. 쇼핑몰은 클릭이 손쉬워야 매출이 올라가기 때문에 최종 구매 단계까지 최대한 짧은 클릭으로 구성하고 나양한 정보를 제공하어 클릭을 최소화할 수 있도록 합니다.

❷ 이동 경로의 깊이 값이 적은 경우

사용자나 랜딩페이지가 만족스럽지 못했기 때문에 이탈했을 가능성이 높습니다. 이런 경우 쇼핑몰의 디자인 변경, 컨텐츠 배치 변경 및 보강, 페이지 추천 등을 사용자에게 제공하는 것도 한 가지 방법이라고 할 수 있습니다.

05 페이지 분석

많이 찾는 페이지 분석하기 _ [페이지 분석]-[많이 찾는 페이지]

사이트의 웹 페이지중 방문자가 가장 많이 본 순서대로 통계를 분석하며, 인기 페이지를 통해 방문자의 관심 성향을 알 수 있습니다. 뷰의 수가 많은 페이지일수록 해당 페이지에 대한 방문객 호감도가 높다고 판단

할 수 있습니다. 메
인 페이지의 방문
당 페이지뷰가 높
은 경우는 서브 페
이지의 컨텐츠를
찾지 못했거나 컨
텐츠 이동이 자유
롭지 않은 경우일
수 있습니다.

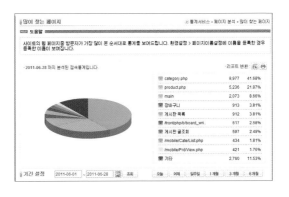

시작 페이지 분석하기 _ [페이지 분석]-[시작 페이지]

방문자가 접속한 IP기준이며 접속 후 일정시간 이후 접속 시에는 페이
지가 시작 되는 곳에서 재 카운트 됩니다. 해당 페이지가 외부사이트에
서 내 사이트로 처음 접속 할 때 가장 처음 접속한 횟수입니다.

시작페이지는 메인 페이지이나(또는 index page) 특정사이트에서 링
크를 쇼핑몰의 서브 페이지로 지정한 경우이며, 검색 엔진에서 검색된
페이지도 시작페이지가 될 수 있습니다. 방문자가 내가 유도한 시작 페
이지가 아닌 다른 페이지로 많이 들어온다면 적절한 링크 등을 배치하여
메인 페이지로 유도해야 합니다. 종료 페이지 리포트와 비교해 처음 접
속 후 바로 사이트를 떠난 경우라면 페이지의 내용을 방문자의 목적에
맞게 보강하는 것이 필요합니다.

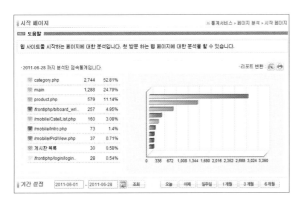

종료 페이지 분석하기 _ [페이지 분석]-[종료 페이지]

IP를 기준하여 접속 후 일정시간 이후 접속 시에는 페이지가 종료 되는 곳에서 재 카운트 됩니다. 해당 페이지에서 종료된 횟수로 해당 페이지 접속 이후 이동 없이 일정시간이 경과하면 종료된 것으로 집계합니다.

방문자가 방문 목적을 달성한 후 종료한 경우는 매우 바람직한 현상이지만 더 이상 내용을 찾을 수가 없어 포기하는 경우, 즉 시작 페이지 리포트와 비교해 처음 접속 후 바로 사이트를 떠난 경우라면 페이지의 내용을 방문자의 목적에 맞게 보강하는 것이 필요합니다.

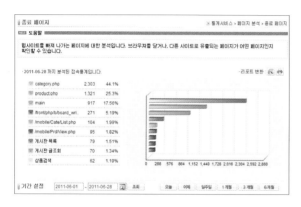

---

06 방문자와 컨텐츠 분석

방문자의 방문횟수 분석하기 _ [방문자 분석]-[방문 횟수별 분석]

1회 방문이란 일별로 최초 방문자이며, 재방문자에 대해 2회, 3~5회, 6~9회, 10회 이상 방문으로 나눠 각 방문자와 비율을 표현합니다.

방문횟수가 많은 경우는 처음 방문자보다 기존방문자의 활동이 더욱 왕성한 것으로 해석되어 충성도 높은 고객이 많다고 볼 수 있고, 방문횟수가 적은 경우는 이벤트 등으로 초기 방문자를 많이 유치한 경우에 많이 나타납니다. 또는 웹사이트 운영을 시작한 지 얼마 안 되었을 수도 있습니다. 따라서 유입한 방문자를 계속 방문하도록 충성도를 높이는 노력이 필요합니다. 만약 오래된 웹사이트인데도 방문횟수가 적다면 웹사이트에 방문자를 지속 시킬만한 컨텐츠를 더 보강하거나 아니면 사이트 구성을 재검토 해 볼 필요가 있습니다.

사이트 체류시간 분석하기 _ [컨텐츠 분석]-[사이트 체류시간 분석]

사이트 체류시간이란 방문자가 사이트 내에서 얼마나 오랫동안 머물렀나 하는 것입니다. 대체적으로 사이트에 머무는 시간이 길수록 웹사이트에 방문객의 충성도나 관심이 높다고 할 수 있겠지만 사이트의 성격에 따라서 약간의 차이가 있습니다. 복잡하거나 어려운 네비게이션 구조로 방문객이 사이트를 중도에 이탈하여 체류시간이 짧을 수 있습니다.

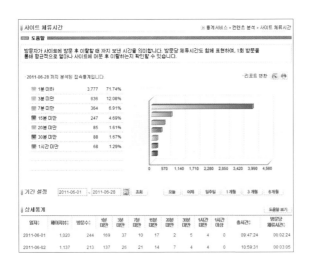

체류시간은 사이트 내에서의 체류시간과 사이트의 각 페이지별 체류 시간으로 나눕니다. 사이트 내에서의 체류시간은 사이트 전체적인 부분에서 머무르는 시간이 길수록 사이트에 충성도나 만족도가 대체적으로 높다고 할 수 있으나 페이지별 체류 시간은 페이지의 성격에 따라서 체류 시간이 갖는 의미가 다를 수 있습니다. 가령, 구매 결제 페이지에서 체류 시간은 짧은 수록 만족도가 높고, 구매가 늘어납니다. 위의 분석 결과를 살펴보면 1분 이내 머문 방문자가 3,777명으로 70% 이상의 비중을 차지하고 있습니다. 쇼핑몰의 구매 단계에까지 이르기 위해서는 최소한 수분이상이어야 하기 때문에 랜딩페이지의 만족도나 구성에 문제가 있을 수 있기 때문에 이 비중이 높다면 랜딩페이지를 수정하는 것이 바람직합니다.

 쇼핑몰의 체류시간을 연장시키는 기능

쇼핑몰에서 방문자들이 가장 오래 동안 시간을 머무르는 공간은 '사용후기', '운영일기', '이벤트 안내'와 같은 게시판입니다. 그 이유는 '사용후기', '운영일기'와 같은 게시판은 상품을 구매하는 데 있어서 중요한 구매 판단 기준인 '구매한 사람들의 경험' 등을 확인할 수 있기 때문입니다. 쇼핑몰 내부에서 방문자들의 체류시간을 늘리기 위해서는 '게시판' 등과 같은 고객들이 참여할 수 있는 공간을 운영하는 것입니다.

07 구매자 분석

구매자의 구매 분석하기 _ [구매자 분석]-[구매분석]

구매액, 순방문수, 구매건수, 구매비율(=구매건수÷전체구매건수×100), 구매율(=구매건수÷방문자수×100), 평균구매건수가 함께 표현되어 매출관련 자료에 대해 종합적으로 분석하는 리포트입니다. 당일 하루에 대한 자료보다 기간을 설정하여 순방문자, 구매액, 구매건수에 대한 추이를 확인하는데 이용할 수 있습니다. 전체 방문수(재방문 포함)가 아닌 하루 기준 순방문자수를 기준으로 분석합니다.

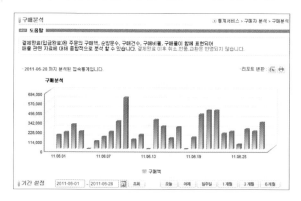

구매율이 전체적으로 증가 추세라면, 방문자들의 상품에 대한 호감도가 높아지고 있음을 의미합니다. 구매건수가 증가하였는데도, 구매율이 감소하였다면 순방문자가 증가하였기 때문이며 광고나 이벤트를 통해 유입율을 증가시켰으나 방문자를 구매자로 이전만큼 전환시키지 못했음을 나타냅니다.

처음 구매와 재구매 분석하기 _ [구매자 분석]-[처음 구매와 재구매 분석]

구매 분석자료 중 구매건수와 구매액에 대해 처음 구매와 재구매를 나눠서 분석합니다. 처음 구매와 재구매 비교분석 자료는 처음 구매와 재구매간 점유율을 측정할 수 있습니다. 처음 구매가 재구매보다 많다면, 재구매를 늘리기 위해 구매 경험이 있는 고객에 대한 마케팅을 기획하고 시도함으로써 사이트 내 구매자 충성도를 높일 수 있습니다.

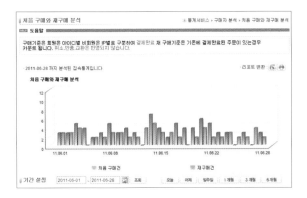

방문자와 구매자 분석하기 _ [구매자 분석]–[구매분석]

전체 방문 수(재방문 포함)와 구매건수에 대한 비교 분석 자료이며 웹사이트의 방문 수 대비 구매건수와 구매율을 확인할 수 있습니다. 사이트 방문자중 구매자가 차지하는 비율을 확인할 수 있습니다.

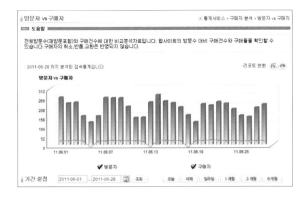

구매까지 걸린 시간 분석하기 _ [구매자 분석]-[구매까지 걸린시간]

사이트에 방문한 후 구매 완료까지 걸린 시간에 대한 분석보고서입니다. 구매하는데 소요되는 시간을 나눠(15분 이내/ 30분 이내/ 1시간 이내 /5시간 이내/ 10시간 미만/ 24시간 이내/2일 이내) 구매건수, 구매액을 표현합니다. 구매자들이 방문 후 짧은 시간대에 구매를 할수록 상품에 대한 배치나 구매를 위한 이동경로가 원활하다고 할 수 있습니다. 구매를 희망하는 고객에 대해서 빠른 시간 안에 구매를 결정하고 결정한 구매욕구가 매출로 성사 될 수 있도록 편리한 구매 UI를 제공해야 합니다.

시간대별 평균 구매 수 분석하기 _ [구매자 분석]-[시간대별 평균구매수]

구매분석의 데이터를 시간대별 평균으로 분석합니다. 선택한 기간 동안 어느 시간대에 평균 매출액이 높았는지 비교할 수 있습니다. 순방문수와 구매건수에 대한 평균을 계산하여 시간대별 평균 구매율 데이터도 분석합니다.

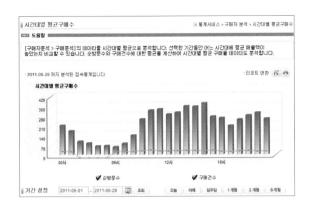

요일별 평균 구매 수 분석하기 _ [구매자 분석]-[요일별 평균 구매 수]

구매 분석의 데이터를 요일별 평균으로 분석합니다. 선택한 기간 동안 어느 요일에 평균 매출액이 높았는지 비교할 수 있습니다. 순방문수와 구매건수에 대한 평균을 계산하여 요일별 평균 구매율 데이터도 분석합니다.

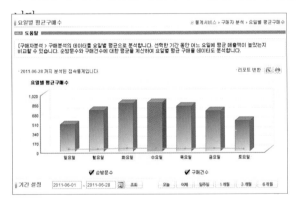

'시간대별 평균구매건수'와 '요일별 평균 구매수'는 키워드 광고 집행 시 집행 시간대 설정과 1일 광고 지출 예산 설정에 매우 중요한 데이터가 됩니다.

예를 들어 여성트레이닝복을 판매하는 A쇼핑몰의 사례를 살펴보겠습니다. A쇼핑몰은 '여성트레이닝복', '트레이닝복세트', '여성운동복' 등 20개의 키워드로 광고를 운영하고 있습니다. A쇼핑몰은 사용 중인 키워드로 키워드 광고를 10일 내내 광고를 집행하기 위해서 1,000만원 예산이 필요합니다. 하지만 A쇼핑몰은 500만 원의 예산으로 20개의 모든 키워드로 10일 동안 광고해야 합니다. 이런 경우는 필요한 예산에 대한 집행 가능 광고비가 절반이고 광고 집행일도 동일하기 때문에 결국 매일 집행되는 시간을 조절해야 됨을 의미합니다.

즉 광고 집행 시간을 매일 24시간에서 12시간으로 조정해야 합니다. 광고 집행 시간이 절반으로 줄었기 때문에 '어떻게 12시간에 대한 광고비 집행 설정할 것인가?'는 매우 중요해집니다. 이때 '시간대별 평균구매건수'와 '요일별 평균 구매수'의 로그분석 자료를 토대로 설정하면 광고 집행 시간을 효율적으로 운영할 수 있습니다.

4장

쇼핑 광고

네이버 지식쇼핑

01 쇼핑 이미지 광고란

쇼핑 중계 서비스를 기본으로 하는 쇼핑 이미지 광고가 있습니다. 주요 상품으로는 검색 포털 사이트의 메인화면에 썸네일 형태의 작은 이미지에 짧은 광고 문구를 넣은 형태의 광고 상품을 클릭하면 쇼핑몰로 연결되는 쇼핑 메인 이미지 광고로 '쇼핑 광고' 라고도 합니다. 네이버는 지식쇼핑, 다음은 쇼핑하우, 네이트는 Nate쇼핑, 옥션은 어바웃 등으로 서비스되고 있습니다.

◆ 네이버의 지식쇼핑   ◆ 다음의 쇼핑하우   ◆ 네이트의 Nate쇼핑   ◆ 옥션의 어바웃 쇼핑박스

검색 포털 사이트의 쇼핑 이미지 광고 기본 원리는 각 검색 포털의 이미지 광고를 통해 유입된 고객이 상품을 구매하면 구입한 금액의 중개 수수료(상품별 CPC)를 받습니다.

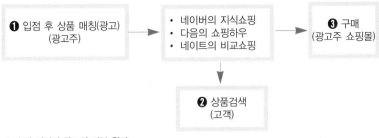

◆ 쇼핑 이미지 광고의 기본 원리

02 / 네이버 지식쇼핑이란?

광고주의 쇼핑몰에서 판매하고 있는 모든 상품들이 네이버 이용자들에게 검색되는 네이버의 '상품 중계 서비스'입니다. 지식쇼핑은 다음 그림과 같이 상품을 구매하고자하는 소비자에게 광고주의 상품을 직접 연결, 즉 상품 썸네일 이미지를 클릭하면 랜딩페이지로 연결(❶)시켜주기 때문에 광고효과를 직접적으로 체감할 수 있는 서비스입니다.

상품 구매자중 10명 가운데 7명은 상품검색을 통해 구매를 합니다. 쇼핑몰의 증가로 네티즌들은 여러 쇼핑몰들을 찾아다니며 찾기보다는 검색창에서 간단히 상품명을 입력함으로써, 상품을 구매하는 경향을 보이고 있습니다. 쇼핑만을 목적으로 방문하는 고객이기 때문에 구매전환율이 높습니다.

네이버 지식쇼핑 광고 서비스에 입점하면 광고주 쇼핑몰의 모든 상품이 네이버 메인 이미지 광고, 통합검색의 지식쇼핑 검색 탭 등 다양한 영역에 노출됩니다.

네이버 이용자들이 상품 검색 시 지식쇼핑에 입점한 광고주 쇼핑몰의 모든 상품들이 검색 결과로 노출됩니다. 각 썸네일 이미지를 클릭하면 광고주가 상품 등록 시 설정한 랜딩페이지로 연결됩니다.

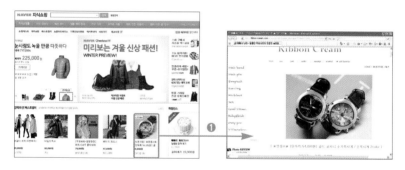

지식쇼핑 광고 전략

지식쇼핑 광고를 진행할 때는 쇼핑몰에서 잘 판매되는 상품이 지식쇼핑 내에서도 잘 클릭되기 때문에 쇼핑몰의 베스트상품을 중심으로 광고를 집행합니다. 그 외 신상품들 중 높은 판매가 기대되는 상품을 진행하여 상품의 반응을 살펴볼 수도 있습니다.

03 지식쇼핑 이해하기

지식쇼핑 진행 과정 이해

네이버 지식쇼핑의 진행 과정은 가장 먼저 광고주가 자신의 상품을 지식쇼핑에 등록하고, 검색어에 잘 노출될 수 있도록 매치시키고, 고객이 광고주의 상품을 클릭하면 광고비를 지불합니다.

- 1단계 : 지식쇼핑에 내 쇼핑몰의 모든 상품을 CPC 과금 방식으로 등록합니다.
- 2단계 : 네이버의 카테고리와 등록한 내 쇼핑몰의 상품을 매치시킵니다.
- 3단계 : 상품이 노출됩니다.
- 4단계 : 클릭이 발생하면 가격비교 상품군과 기격비교 외 상품군에 따라서 클릭당 수수료를 지불합니다.

지식쇼핑의 과금 방식 이해

네이버 지식쇼핑은 상품 구매의사가 있는 이용자가 브라우징 또는 검색을 통해서 해당상품을 확인하고, 상품을 클릭하여 입점사의 쇼핑몰로 넘어갈 때마다 일정 금액(클릭당 단가)이 부과되는 CPC 방식과 매월 고정비와 지식쇼핑을 통한 매출액의 일정%를 판매수수료로 부과하는 CPS Package 입점이 있습니다.

지식쇼핑 CPC 과금은 상품 판매가격과 카테고리에 따라 수수료율을 다르게 적용합니다. 네이버 지식쇼핑의 카테고리는 '가격비교 상품군'과 '일반 상품군' 으로 나누어집니다.

- **가격비교 상품군** : 가전, 컴퓨터 · 주변기기 · 분유 · 기저귀, 화장품 카테고리 등이 해당됩니다.
- **일반 상품군** : 위 '가격비교 상품군' 을 제외한 모든 상품군이 해당됩니다. 가격비교를 하고 있는 카테고리라도 위 상품 카테고리를

제외한 나머지 카테고리는 일반 상품군에 포함됩니다. 클릭당 단가는 상품 가격대별/카테고리별 수수료율에 의해 산정되는 CPC 수수료에 10원을 더한 값으로 산정됩니다.

클릭당 단가=상품가격대 / 카테고리별 CPC 수수료+10원(최저수수료)

상품 가격대	수수료율(%)
1만원 미만	0.1
1만원 이상 ~ 5만원 미만	0.01
5만원 이상 ~ 20만원 미만	0.005
20만원 이상 ~ 50만원 미만	0.001
50만원 이상 ~ 100만원 미만	0.0001
100만원 이상	0

◆ 가격 비교 상품군의 수수료

상품 가격대	수수료율(%)
1만원 미만	0.1
1만원 이상 ~ 3만원 미만	0.05
3만원 이상 ~ 4만원 미만	0.03
4만원 이상 ~ 6만원 미만	0.02
6만원 이상 ~ 10만원 미만	0.01
10만원 이상 ~ 100만원 미만	0.0005
100만원 미만	0.0001

◆ 일반 상품군의 수수료

❶ 네이버 지식쇼핑 CPC 과금 체계

일반 상품군은 11~45원, 가격비교 상품군은 11~35원입니다. 상품 가격이 다음과 같은 경우 일반 상품군의 클릭당 가격과 가격비교 상품군의 클릭당 가격은 다르게 계산됩니다.

- 일반 상품군
  A상품 : 10원+(9,000원×0.1%)=19원
  B상품 : 10원+(10,000원×0.1%)+(40,000원×0.01%)+(100,000원×0.005%)=29원
  C상품 : 10원+(10,000원×0.1%)+(40,000원×0.01%)+(150,000원×0.005%)+(300,000원×0.001%)+(500,000원×0.0001%)+(100,000원×0%)=35원

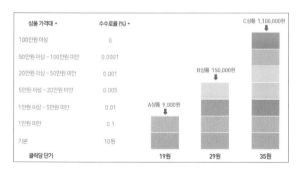

- 가격비교 상품군

   X상품 : 10원+(9,000×0.1%)=19원
   Y상품 : 10원+(10,000원×0.1%)+(20,000×0.05%)+(5,000원×
   0.03%)=31.5원
   Z상품 : 10원+(10,000원×0.1%)+(20,000원×0.05%)+(10,000원×
            0.03%)+(20,000원×0.02%)+(40,000원×0.01%)+(20,000원×
            0.0005%)=41.3원

상품 가격대 ▼	수수료율 (%) ▼			
100만원 이상	0			Z상품 120,000원 ⬇
10만원 이상 ~ 100만원 미만	0.0005			
6만원 이상 ~ 10만원 미만	0.01			
4만원 이상 ~ 6만원 미만	0.02		Y상품 35,000원 ⬇	
3만원 이상 ~ 4만원 미만	0.03			
1만원 이상 ~ 3만원 미만	0.05	X상품 9,000원 ⬇		
1만원 미만	0.1			
기본	10원			
클릭당 단가		19원	31.5원	41.1원

정석과 꼼수 지식쇼핑 수수료 계산해보기

지식쇼핑 입점 페이지(http://join.shopping.naver.com/entrance/cpc_commission01.nhn)에서 [지식쇼핑입점]-[CPC Package입점]-[수수료안내] 메뉴를 선택한 후 '수수료 계산해보기'에서 카테고리, 판매할 상품 가격, 예상 클릭수 등을 입력하면 클릭당 단가와 예상 수수료를 계산해 볼 수 있습니다.

04 지식쇼핑 광고 상품 이해

네이버 지식쇼핑에 입점하면 쇼핑몰의 모든 상품들이 등록되어 기본 광고 영역에 노출되며 그 외 부가광고 상품은 추가적으로 별도의 요금이 지불되어야 이용 가능합니다. 지식쇼핑의 광고 상품은 쇼핑캐스트, 테마쇼핑 핫이슈 아이템, 테마쇼핑 패션 소호, 베스트셀러, 럭키투데이, 기획전, CPS 광고, 추천광고 등 다양하며, 세부 내용은 지식쇼핑 입점 페이지 (http://join.shopping.naver.com/index.nhn)에서 확인할 수 있습니다.

테마쇼핑 내 핫이슈아이템

네이버 메인 1탭 테마쇼핑 내 핫이슈아이템의 1탭(**①**)에 대해서 알아보겠습니다.

쇼핑캐스트를 발행하지 않아도, 쇼핑몰의 규모와 상관없이 상/중/하단 모두 구매 가능합니다. 낙찰 최저가 일괄적용 방식을 적용하기 때문에 광고비를 최소화할 수 있습니다.

기간	네이버 메인 및 지식쇼핑에 1주일간 노출됩니다.
서비스내용	고정테마는 네이버메인 '쇼핑영역>테마쇼핑'의 가장 우측 탭에 위치하며 테마쇼핑 탭 활성화 시 항상 고정테마가 활성화되어 하단에 컨텐츠가 노출됩니다.
인벤토리	상/중/하단 각각 80개/주(240개 구좌 중 204구좌만 판매)
비딩시작가	상단 400만원, 중단 300만원, 하단 300만원(VAT포함)
입찰단위	10만원
구매방식	1주 단위로 비딩방식을 통하여 구매과정에 참여합니다.
구매자격	지식쇼핑 입점을 조건으로 합니다.

네이버 메인 쇼핑박스 1탭과 2탭의 노출비율은 다음과 같습니다.

구분	비율
테마쇼핑(1탭)의 1탭(핫이슈아이템)	80%
테마쇼핑(1탭)의 2탭(패션소호)	10%
쇼핑캐스트(2탭)	10%

테마쇼핑은 노출 위치에 따라서 상단, 중단, 하단으로 구분되고 각각의 낙찰가 추이는 상단의 경우 최대 15,000,000원, 최소 4,000,000원에 낙찰되었습니다.

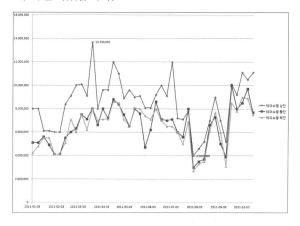

3월21일 광고 시작한 테마쇼핑의 낙찰 받은 가격과 평균 CPC를 체크한 결과는 다음과 같습니다.
- 고정테마 - 상단을 13,700,000원에 낙찰 받았고, 평균 CPC는 167원입니다.
- 고정테마 - 중단을 8,000,000원에 낙찰받았고, 평균 CPC는 132원입니다.
- 고정테마 - 하단을 8,000,000원에 낙찰받았고, 평균 CPC는 136원입니다.

8월1일 광고 시작한 테마쇼핑의 낙찰 받은 가격과 평균 CPC를 체크해 보니 다음과 같습니다.
- 고정테마 - 상단을 4,000,000원에 낙찰 받았고, 평균 CPC는 59원입니다.
- 고정테마 - 중단을 3,000,000원에 낙찰 받았고, 평균 CPC는 54원입니다.
- 고정테마 - 하단을 2,700,000원에 낙찰 받았고, 평균 CPC는 54원입니다.

9월26일 광고시작한 테마쇼핑의 낙찰받은 가격과 평균 CPC를 체크해 보니 다음과 같습니다.
- 고정테마 - 상단을 9,200,000원에 낙찰받았고, 평균 CPC는 125원입니다.
- 고정테마 - 중단을 8,000,000원에 낙찰받았고, 평균 CPC는 125원입니다.
- 고정테마 - 하단을 7,800,000원에 낙찰받았고, 평균 CPC는 117원입니다.

❶ 테마쇼핑의 썸네일 이미지

- **3월 21일 ~ 27일**

이미지 의류 11개, 잡화 8개, 얼굴 2개

의류 : 모델컷 11개, 제품컷 0개

잡화 : 브랜드 가방 4개 & 브랜드 신발 1개, 일반 구두2개, 파우치 1개

최다 사용단어 : 예쁜 (10회), 원피스(4회)

- **10월 3일~ 9일**

이미지 의류 13개, 잡화 7개, 얼굴 1개

의류 : 모델컷 5개, 제품컷 8개

잡화 : 브랜드 가방 6개 & 브랜드 신발 1개

최다 사용단어 : 스타일(5회), 인기(4회)

- **최다 사용단어**

1월3일 ~ 9일: 예쁜 4회, 창고 3회, 후회 3회

1월17일 ~ 23일: 명품 4회, 예쁜 3회

2월7일 ~ 13일: 세일 7회, 난리 3회, 예쁜 3회

2월14일 ~ 20일: ! 8회, 예쁜 2회

2월21일 ~ 27일: 예쁜 6회

2월28일 ~ 3월6일: 예쁜 14회, 봄 11회

3월7일 ~ 13일: 예쁜 10회, 봄 10회, 신상 4회

3월14일 ~ 20일: 옷 10회, 예쁜 6회, 결혼식 6회

3월21일 ~ 27일: 예쁜 10회, 원피스 4회

3월28일 ~ 4월3일: 예쁜 9회, 난리 4회

4월4일 ~ 10일: 예쁜 7회, 50% 5회

4월11일 ~ 17일: 스타일 8회, 50% 3회

4월18일 ~ 24일: 예쁜 7회

4월25일 ~ 5월1일: 예쁜 8회, 센스 3회

5월9일 ~ 15일: 예쁜 6회, Best 5회, 신상 4회, 인기 4회

5월16일 ~ 22일: 예쁜 12회, 신상 3회

5월23일 ~ 29일: 예쁜 5회, Best 5회

5월30일 ~ 6월1일: 예쁜 13회

6월6일 ~ 12일: 예쁜 11회, 신상 6회

6월13일 ~19일: 가방 9회, 후회 5회, 예쁜 4회

6월20일 ~ 26일: Sale 할인 9회, 신상 7회, 썸머 3회

6월27일 ~ 7월3일: 예쁜 8회, 원피스 5회, Sale 할인 5회

7월4일 ~ 10일: 예쁜 12회, 원피스 7회

7월11일 ~ 17일: 예쁜 8회, 원피스 7회

7월18일 ~ 24일: 예쁜 11회

8월1일 ~ 7일: 예쁜 6회, 후회 4회, 원피스 4회

8월8일 ~ 14일: 가방 9회, 예쁜 6회, 후회 6회

8월15일 ~ 21일: 특가 5회, 세일 3회, 가방 3회

8월22일 ~ 28일: 청담 6회, 가방 5회, 신상 4회

8월29일 ~ 9월4일: 신상 9회, 가을 6회

9월5일 ~ 11일: 신상 7회, 가을 6회

9월12일 ~ 18일: 가을 8회, 신상 7회

9월19일 ~ 25일: 가을 4회, 신상 3회, 충격 3회

9월26일 ~ 10월2일: 가을 6회, Sale 할인 4회

10월3일 ~ 9일: 스타일 5회, 인기 4회

10월17일 ~ 23일: 세일과 할인(10회)

10월24일 ~ 30일: 예쁜(7회), 세일(6회), 패션(3회)

11월7일 ~ 13일: 예쁜(10회), 날씬(6회)

11월21일 ~ 27일: 예쁜(5회), 세일(3회)

11월28일 ~ 12월4일: 예쁜(4회)

12월5일 ~ 11일: 신상(7회), 예쁜(4회)

테마쇼핑 내 패션소호와 체크아웃

네이버 메인 1탭 테마쇼핑 내 패션소호 2탭(❶)에 대해서 알아보겠습니다. 네이버 메인과 지식쇼핑의 '테마쇼핑' 서비스 영역에서, 패션소호 조회 시, 컨텐츠를 노출할 수 있는 권리를 발생시키는 광고상품입니다. 매주 패션에 특화된 테마를 전시할 수 있는 테마를 패션소호라고 합니다. 구매가능 한 패션관련 카테고리는 여성의류, 남성의류, 속옷, 패션잡화, 액세서리/시계, 명품이며, 스포츠/레저/자동차, 유아동/출산/분유/기저귀, 해외구매대행 카테고리의 경우는 패션상품 노출을 전제로 구매가 가능합니다.

❶ 패션소호 패키지

구분	설명	서비스기간	상품 구매수	광고비	광고비
패션소호	**구매** • 전 주 구매이력 있는 광고주에게 우선 구매기회 부여 • 구매이력 없는 광고주는 전 주 구매 광고주의 구매 이후 구매가능하며 구좌를 선택순 구매 • 쇼핑광고센터에서 광고주 직접 구매대행 • 구매 즉시 충전금 차감, 구매 확정됨 **노출** • 구매 구좌는 최대 1/20 롤링으로 랜덤 노출됨, 단 세트수는 매주 판매되는 구좌에 따라 변동 노출됨 • 최초 구성된 세트 내에서 상중하, 좌우 상관없이 새로 고침 시마다 랜덤하게 노출됨	1주	최대 240구좌 (몰당 동일 기간에 2구좌 구매가능)	고정가 176만원 (주 단위)	쇼핑몰 (수수료 없음)

❷ 체크 아웃

구분	설명	서비스기간	상품 구매수	광고비	광고비
체크 아웃	**구매** • 전 주 구매이력 있는 광고주에게 우선 구매기회 부여 • 구매이력 없는 광고주는 전 주 구매 광고주의 구매 이후 구매가능 하며 구좌를 선택순 구매 • 쇼핑광고센터에서 광고주 직접 구매대행 • 구매 즉시 충전금 차감, 구매확정됨 **노출** • 구매 구좌는 1/4 롤링으로 랜덤 노출됨 • 지식쇼핑 〉 테마쇼핑에도 노출됨	1주	상단 16구좌 (몰당 동일기간에 1구좌 구매가능)	고정가 110만원 (주 단위)	CPC (수수료 없음)

포커스 부가광고와 광고 전략

일반 포커스는 '지식쇼핑 메인영역과 포커스코너 하단'에 상품목록이 노출되는 상품입니다. 파워포커스는 '지식쇼핑 메인영역과 포커스코너 하단'에 상품목록이 노출되는 상품입니다. 파워포커스는 30개의 상품이 일주일 동안 고정 노출되므로 클릭수가 매우 높습니다.

광고 방식	일반포커스	파워포커스
광고비	15,000원/주 + CPC 수수료	비딩낙찰가/주 + CPC 수수료
광고 위치	• 지식쇼핑 메인 영역 • "포커스코너 하단"	• 지식쇼핑 메인 영역 • "포커스코너 상단"
롤링횟수	메인 3/무제한 전문 쇼핑몰 무제한	메인 6/30 포커스 코너 30/30(순서는 랜덤)
서비스 보장기간	등록한 날로부터 1주일간 노출 7일째 24시에 종료	매주 월요일 00시~일요일 24시(1주일간)
구매 가능 시점	원하는 기간으로 등록 가능(당일 등록 가능)	매주 월요일 14시~수요일 16시(광고 집행 2주전)
구매가능개수	무제한/1주	서비스기간 기준으로 광고주당 2개

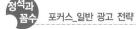

포커스_일반의 광고기간은 1주이지만 광고효과는 대부분 1일 이내입니다. 왜냐하면 새로운 상품이 전문 쇼핑몰 광고영역의 맨 앞에 노출되기 때문입니다. 따라서 한정된 예산 범위 내에서 광고를 하시려면 타겟 고객이 많이 방문하는 요일과 시간대에 집중적으로 광고를 하는 것이 유리합니다.

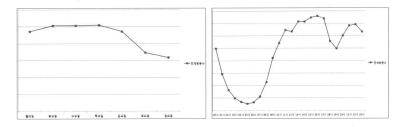

예를 들어 20대 후반~ 30대 초반 헐리웃스타일 여성의류 업체라면 요일별로는 월~목요일, 시간 대는 13시부터 16시까지에 올리는 것이 유리합니다.

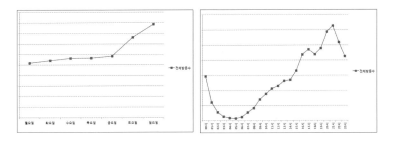

예를 들어 10대 후반 ~ 20대 초반 중심 캐주얼 여성의류 업체라면 요일별로는 토~일요일, 시간 대는 20시부터 22시까지에 올리는 것이 유리합니다.

지식쇼핑 상품 이미지 만들기

네이버 지식쇼핑, 다음 쇼핑하우는 상품의 이미지가 직접적으로 노출되는 광고상품이기 때문에 이미지 품질이 클릭률에 큰 영향을 미치게 됩니다. 즉 상품 이미지는 클릭을 결정하는데 가장 중요한 요소입니다. 네이버 지식쇼핑에 등록할 상품 이미지는 가로와 세로 모두 120Pixel 사이즈로 만들어야 합니다. 의류의 경우에 상하로 긴 이미지를 상품이미지로 사용합니다. 이런 경우에 포토샵에서 흰 배경으로 바탕을 만들고 상하로 긴 이미지에서 핵심적인 부분만 보이도록 배치해서 이미지를 만들어야 합니다.

01 포토샵 프로그램을 실행하고 120픽셀×120픽셀 사이즈로 흰색 배경
을 만듭니다.

02 원본 상품 이미지를 불러 온 후 나란히 배치합니다.

03 상품 이미지를 이동툴로 드래그하여 배경 창으로 복사합니다.

04 Ctrl + T 키를 누른 후에 크기조절점을 드래그하여 크기를 맞춥니다. 네이버 지식 쇼핑몰에 맞게 제작된 파일을 저장합니다.

드래그

05 지식쇼핑에 상품 등록하기

지식쇼핑 입점하기

지식쇼핑에 광고를 신청하기 위해서는 지식쇼핑에 입점 신청해야 합니다.

01 카페24 광고통합솔루션 페이지(http://cmc.cafe24.com)에서 [쇼핑광고]–[네이버 지식쇼핑] 메뉴를 선택한 후 [입점 신청하기] 버튼을 클릭하면 지식쇼핑 입점을 신청할 수 있으며 진행 절차는 '약관 동의' – '정보입력 및 수정' – '충전금 결제' – '입점신청 완료' 순으로 진행됩니다.

02 카페24 쇼핑몰 관리자 페이지에서 네이버 지식쇼핑 가입이 완료되면 메일/SMS 문자로 네이버 지식쇼핑의 아이디와 비밀번호를 전송받습니다.

03 지식쇼핑 어드민(https://adcenter.shopping.naver.com/)에서 접속한 후에 아이디, 비밀번호를 입력하고 [로그인] 버튼을 클릭합니다. 이벤트로 초기 충전금이 지원되는 경우에는 충전이 완료되었는지 확인합니다. 충전은 어드민 페이지 상단의 '충전/계좌관리' - '충전하기' 메뉴를 선택한 후 즉시충전과 정기충전 등 충전 방식을 선택합니다.

미서비스 상품의 카테고리 매칭

네이버 지식 쇼핑에서 카테고리 비매칭 상품에 대해서 카테고리 매칭 작업을 진행해야 되는 상품입니다. 상품등록 즉 카테고리 매칭 후 미서비스 상품 관리합니다.

01 네이버 쇼핑광고센터(adcenter.shopping.naver.com)에서 [상품관리]-[상품현황 및 관리]-[미서비스상품] 메뉴를 선택합니다.

02 카테고리 비매칭 상품에 대해서 카테고리 매칭 작업을 진행해줘야 네이버 지식쇼핑에서 상품이 노출됩니다.

03 카테고리를 선택하거나 검색조건을 입력 한 후 [검색]버튼을 클릭하고 상품리스트가 나오면 서비스에 등록(카테고리 매칭)할 상품을 체크한 후 [카테고리 매칭] 버튼을 클릭합니다. 상품관리 팝업창에서 매칭시킬 카테고리를 검색한 후 선택합니다.

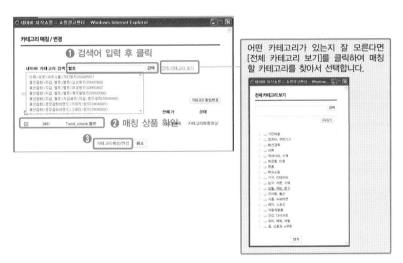

쇼핑하우와 어바웃

01 쇼핑하우란

쇼핑하우는 다음 서비스 이용자를 대상으로 검색, 가격비교, 다양한 트렌드 코너로 다음에서 운영하는 쇼핑 이미지 광고 및 쇼핑 포털 서비스입니다.

쇼핑하우는 CPC상품, 메인 썸네일 이미지 광고, 더 소호(The SOHO) 등 다양한 상품 구성되어 있습니다.

❶ 입점 조건

- 직접 별도의 웹페이지를 구축하여 정상적으로 상품판매가 이루어지는 합니다.
- 매매보호 서비스에(에스크로 또는 전자보증보험서비스) 가입한 쇼핑몰이어야 합니다.
- 사업장, 고객센터 등의 소재지가 국내이어야 합니다.

- 회원/비회원 모두 상품 구매가 가능해야 하고 현금/카드결제 모두 가능합니다.
- 상품가격은 부가세포함으로 명시한 쇼핑몰이어야 합니다.

❷ 준비서류
- 사업자등록증 사본 1부
- 통신판매업신고증 사본 1부
- 에스크로 또는 전자보증보험 증명서류 사본 1부
- 기타 취급 품목별 추가서류 1부씩
- shophow@daumcorp.com (쇼핑몰명, 연락처 기재 요망), FAX : 02-3430-0088

❸ 쇼핑하우의 수수료
쇼핑하우의 CPC 상품의 수수료는 판매 상품의 가격대에 따라서 차등 책정됩니다.

판매상품 가격	CPC 수수료
1만원 이하	20원
2만원 이하	35월
3만원 이하	40원
4만원 이하	45원
5만원 이하	50원
7만원 이하	55원
10만원 이하	60원
15만원 이하	65원
15만원 이상	70원
쇼핑몰명(상품 없이 쇼핑물명만 노출되는 경우)	30원

02 다음 쇼핑하우 관리자 페이지

다음 쇼핑하우의 관리자 페이지 사용 방법에 대해서 알아보겠습니다.

상품 매핑하기

쇼핑하우에서 상품이 서비스되려면 가장 먼저 상품 매핑 작업을 해야
합니다. 매핑 작업이란 광고주의 상품을 서비스에 노출하기 위해 서비스
영역에 적합한 광고주의 상품을 적절히 배치하는 것을 말합니다. 쇼핑몰
의 전체 상품을 매핑할 수 있고, 일부 카테고리의 일부 상품만을 매핑할
수도 있습니다. 쇼핑하우에서 상품을 매핑 후 서비스에 반영되려면 최대
1시간이 소요됩니다.

01 다음 쇼핑하우 관리자 페이지(http://commerceone.biz.daum.net)
에 접속한 후 아이디와 비밀번호를 입력하여 로그인 합니다.

02 [쇼핑관리]–[상품매핑관리] 메뉴를 선택한 후 쇼핑몰 상품을 쇼핑하
우로 매핑합니다. 카테고리명을 입력한 후 [검색] 버튼을 클릭하고
매핑할 카테고리를 선택합니다. 상품을 선택하고 [상품매핑] 버튼을
클릭하면 선택한 카테고리로 상품매핑이 완료됩니다.

매핑 옵션

❶ 매핑해제

상품 매핑 후 미매핑 상태로 돌리려면 [매핑해제] 버튼을 클릭합니다.

❷ 일시내림

상품 매핑 후 서비스 노출을 막을 필요가 있을 경우, 해당 상품 선택 후에 [일시내림] 버튼을 클릭합니다. 미매핑 상품은 일시내림하지 않아도 노출되지 않습니다.

❸ 이미지 업데이트

쇼핑몰에서 이미지를 수정하였는데, 쇼핑하우에 반영이 되지 않을 수 있습니다. 이런 경우 해당 상품을 선택하고 [이미지업데이트] 버튼을 클릭하면 반영됩니다. 서비스 반영되는 데는 약 5~30분 정도의 시간이 소요됩니다.

기본적으로 별도의 컬러 등록 작업이 없어도 쇼핑하우에 데이터가 있으면 컬러 검색에 상품노출이 가능합니다. 하지만 모델컷 썸네일을 주로 사용하는 소호몰의 특성상, 컬러가 잘못분석될 가능성이 높아 효율적인 노출을 저해 시키는 결과를 가져올 수 있습니다. 상품이미지와 근접한 컬러를 등록합니다.

03 [상품관리]–[상품 서비스 현황] 메뉴를 선택하면 쇼핑하우 카테고리에 매핑한 상품 매핑 개수를 한 눈에 확인할 수 있습니다.

❶ 전체 상품 서비스 현황 정보

- 전체 : 쇼핑하우로 수집된 쇼핑몰 전체 상품 수
- 서비스(카테고리) : 쇼핑하우 카테고리로 매핑된 상품 수
- 서비스(가격비교) : 쇼핑하우 가격비교로 매핑된 상품 수
- 미매핑 : 아직 매핑되지 않고 남은 상품 수
- 일시내림 : 매핑되었지만 노출을 차단하기 위해 일시적으로 내림한 상품 수
- 매핑하러가기 : '상품관리〉상품매핑관리' 메뉴의 미매핑 상품 보기 페이지로 링크

❷ 대분류별 서비스 현황

매핑 된 상품 중 대분류(1depth) 단위로 매핑현황을 볼 수 있습니다. 대분류명이나 상품수를 클릭하면, 해당 대분류 하위의 상세 서비스 현황 정보를 볼 수 있습니다.

❸ 상품 상세서비스 현황

대분류별 서비스 현황에서 카테고리명을 클릭하면 나타나며 매핑된 상품 중 중분류(2depth) 이하 단위로 매핑현황을 볼 수 있습니다. 상품수를 클릭하면 해당 카테고리의 '상품관리〉상품매핑관리' 메뉴의 매핑상품보기 페이지로 새 창이 링크됩니다.

03 어바웃

어바웃은 어바웃 사이트 및 개별 쇼핑몰들에서 판매하고 있는 다양한 상품들을 한 곳에 모아 놓은 종합 쇼핑 채널로 어바웃의 상품 및 브랜드는 다양한 채널을 통해서도 홍보할 수 있는 쇼핑 이미지 광고 서비스입니다. 어바웃은 옥션에서 운영하는 광고 서비스입니다.

어바웃의 입점 쇼핑몰의 상품은 어바웃 사이트 및 인지도 있는 파트너 네트워크에 노출됩니다. 어바웃 광고 서비스는 '어바웃 쇼핑박스', '어

바웃 상품광고', '어바웃 디스플레이 광고' 등 다양한 유형의 광고 상품이 있습니다.

◆ 어바웃 사이트의 입점 쇼핑몰 상품들

◆ 어바웃 쇼핑박스 광고

❶ 입점 조건

- 독립적인 쇼핑몰을 운영중인 사업자 이어야 합니다.
- 매매보호(에스크로 혹은 전자보증) 서비스 가입은 필수입니다.
- 사업장, 고객센터 등의 소재지(연락처)가 국내에서 운영하는 쇼핑몰이어야 합니다.
- 회원/비회원 모두 상품구매가 가능한 쇼핑몰 비회원 구매 쇼핑몰의 경우는 비회원 상태에서도 상품 상세정보를 확인할 수 있어야 하며, 주문 확인 및 에스크로 확인을 위한 테스트ID 발급이 가능한 해야 하며, 모든 상품은 부가세 포함가격으로 현금/카드 결제 모두 가능하여야 합니다.
- 입점신청 및 제출서류와 쇼핑몰상의 정보가 일치하여야 합니다.

❷ 준비 서류

- 사업자 등록증 사본
- 통신판매업 신고증 사본(간이과세자 제외)
- 에스크로(매매보호) 서비스 이용 확인증

❸ 어바웃 쇼핑박스 가이드라인

어바웃 쇼핑박스 가이드라인은 다음 표와 같습니다.

구분	쇼핑박스
판매대상	어바웃 입점 또는 ADAM에 가입한 모든 쇼핑몰, ADAM이란 어바웃 입점과 상관없이 박스광고 상품만 이용하실 수 있는 어바웃 광고주 어드민 계정입니다.
판매 방식	입찰 판매(1주일 단위 판매/노출)
구매 시점	노출 시작 1주전 목요일 오전10시~15시
노출기간	매주 목요일 00시~ 수요일 23시 59분(1주일간)
이미지 사이즈	50×40(4kb 이하)
노출 영역	• 어바웃, YTN등 사이트의 주요지면 • 썸네일 12구좌 랜덤 노출
광고비	입찰 시작가 2,000,000원(VAT별도), 1만원 단위로 입찰

04 어바웃 관리자 페이지

어바웃 관리자 페이지인 AMC(https://amc.about.co.kr) 페이지 사용 방법에 대해서 알아보겠습니다.

상품 매핑하기

어바웃을 통해서 상품이 서비스되려면 가장 먼저 상품을 매핑 작업을 해야 합니다.

01 어바웃 AMC(https://amc.about.co.kr)에 접속한 후 쇼핑몰의 상품을 선택적으로 매칭하거나 [상품관리-자동매칭 설정] 메뉴를 선택하면 자동매칭이 가능합니다. 검색 조건을 입력하고 [검색] 버튼을 클릭한 후 상품 분류 체크 박스를 선택합니다. 어바웃의 해당 분류를

대분류 혹은 매칭가능한 하위 분류까지 선택하고 [저장] 버튼을 클릭합니다.

02 [상품관리-상품관리] 메뉴에서 상품을 개별적으로 매칭할 수 있습니다. '노출할상품' 탭을 클릭하고 어바웃의 카테고리를 선택합니다. 쇼핑몰 카테고리에서 조건을 입력하고 [검색] 버튼을 클릭한 후 매칭할 상품을 체크합니다. [매칭] 버튼을 클릭하면 상품이 개별적으로 매칭됩니다.

05 SKT 패션소호

SKT 패션소호는 Yahoo 브랜드가 만든 것으로 패션 전문몰들이 입점해 있는 몰앤몰 방식의 패션전문 소호 마켓플레이스입니다. 각 스타일별 스트리트(Street)로 구성되어 있는 야후패션소호는 소비자들이 원하는 스타일의 상품 및 상점을 쉽게 검색할 수 있게 만들어졌습니다.

야후 패션소호에는 일곱 개의 스트리트가 있습니다.

- 뉴욕 : 가장 인기 있으며 편안한 스타일
- 파리 : 독특하고 여성스러운 스타일
- 오피스룩 : 여성 정장 등의 심플한 스타일
- 노블리스 : 화려하고 디자인이 디테일한 명품 스타일
- 스타 : 최신 유행의 연예인 스타일
- 댄디 : 남성의류 스타일
- 키즈 : 유아동복 스타일

쇼핑몰 부가서비스 광고

01 네이버 체크아웃

네이버는 자사의 아이디만으로 체크아웃 서비스에 가맹한 쇼핑몰의 상품을 구매할 수 있는 서비스입니다.

◆ 네이버 체크아웃 센터와 상품 링크 페이지

체크아웃 가맹 후 클릭초이스 광고 시 그림과 같이 체크아웃 아이콘 (❶)이 표시되어 다른 광고에 비해 부각되는 효과가 있습니다. 체크아웃 상품을 클릭한 후 쇼핑몰에 회원가입하지 않고 네이버 아이디(❷)만으로 도 상품 구매가 가능합니다.

체크아웃 센터에 가입하기 위해서는 쇼핑몰 운영 후 결제서비스(PG)가 3개월 이상이어야 되고, 신청 전 3개월 간 평균 거래금액이 100만 원 이상이어야 합니다. 체크아웃을 통해 판매된 금액의 정산은 전월 1일~말일까지 판매금액을 익월 25일 지급함을 원칙으로 합니다.

02 네이버 마일리지 서비스

쇼핑몰 구매자가 보유한 네이버 아이디 하나로 네이버 마일리지 가맹점 서비스는 어디서나 적립 및 사용 할 수 있는 통합 적립금입니다. 구매자가 네이버 마일리지 서비스에 가입한 업체의 상품을 구매할 경우 네이버에서 해당 상품의 일정 적립금을 구매자게에 지급합니다. 카페24 가맹점(운영자)는 네이버에서 구매자에게 지급한 적립금액 만큼 네이버에게 대금을 지불합니다. 만약 구매자가 네이버 마일리지를 카페24 가맹점에서 사용하게 되면 반대로 네이버에서 카페24 가맹점에게 대금을 지불하는 서비스입니다.

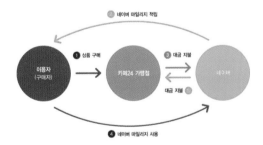

◆ 네이버 마일리지 서비스 흐름

키워드 광고 시 혜택

네이버 마일리지 가맹점으로 등록하면 광고 문안 옆에 네이버 마일리지 아이콘(❶)이 노출됩니다. 이를 통해 광고주 사이트의 주목도가 높아지고 신규고객 확보, 매출 증대 등 보다 높은 광고 효과를 기대하실 수 있습니다. 노출되는 영역은 네이버 통합검색 파워링크, 플러스링크, 비즈사이트 영역, 검색 탭, SE 검색, 광고더보기 등입니다.

상품상세페이지 내에 네이버 마일리지 적립안내를 삽입해야 합니다. 주문서 내에 네이버 마일리지를 적립·사용할 수 있는 기능을 제공하여야 합니다. 네이버 마일리지를 사용했을 경우, 사용금액을 표시해야 합니다. 최종 결제금액을 산출하기 위한 계산기 영역에 네이버 마일리지 사용금액이 반영되어야 합니다.

지식쇼핑 광고 시 혜택

네이버 마일리지 가맹점으로 등록하면 통합검색 지식쇼핑 검색결과 및 지식쇼핑 내 페이지에 네이버 마일리지 아이콘으로 노출됩니다. 이를 통해 주목도가 높아지고 신규고객 확보, 매출 증대 등 보다 높은 광고 효과를 기대할 수 있습니다. 노출되는 영역은 네이버 통합검색 지식쇼핑 검색

결과와 지식쇼핑 쇼핑캐스트, 테마쇼핑, 베스트셀러, 쇼핑어드바이스, 기
획전 등입니다.

 네이버 마일리지 이용자 정책

- 최소 사용금액은 500원이고, 사용금액 제한은 없습니다.
- 주문 1회당 최대 적립금은 2만원이며 ID당 최대 50만원까지 적립할 수 있습니다.
- 사용가능한 적립금액과 사용예정인 적립금액을 모두 합하여 50만 원 이상일 경우 사용만 가능
  합니다.

03 모바일마케팅

스마트폰으로 시작된 스마트 기기 시장 확대는 산업의 패러다임을 변
화시키고 있습니다. 2009년 스마트폰이 보급되기 시작한 이후 사용자가
급증하여 2012년 국내 스마트폰 가입자가 3,000만 명을 돌파하였고
KT경제경영연구소의 전망에 따르면 2012년 말에는 전체 휴대폰 인구의
63.5%가 스마트 폰을 사용할 것으로 전망됩니다.

태블릿PC는 지난 2010년 애플의 아이패드가 런칭된 이후 혁신적인 스마트 기기로 시장에서 성공적으로 자리매김을 하였습니다. 태블릿PC는 스마트폰과 노트북의 중간적인 역할을 하는 제품이지만 다양한 어플리케이션을 바탕으로 모바일 라이프를 변화시키고 있습니다.

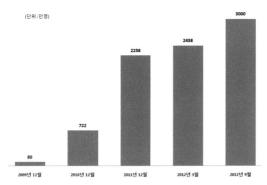

◆ 국내 스마트폰 가입자 추이 _자료 : 정보통신정책연구원(DMC미디어의 스마트폰 이용형태 및 모바일 광고 인식조사 재인용)

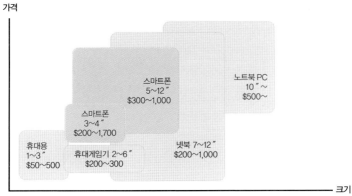

◆ 태블릿 PC의 포지셔닝_자료:한화증권(2012), 스마트기기 시장과 성장한다

모바일마케팅 확산

모바일인터넷, PC 인터넷, 잡지 및 인쇄물, 종이신문, 라디오, TV 등 여러 채널 중 모바일인터넷의 이용 확산율은 꾸준히 증가하고 그 외 채널 이용율은 줄어들 것입니다.

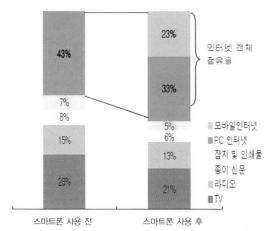

◆ 출처 : 닉슨코리아클릭 스마트폰 이용 형태 서베이, 2010년 10월

스마트폰은 인터넷 이용 플랫폼이 PC기반에서 스마트폰으로 대체되고 있고, 인터넷 이용 시간 점유율이 증가하고 있습니다. 신용카드 결제, 무통장입금, 실시간 계좌이체 등 PC기반 결재서비스를 모바일에 이용 가능하도록 확대되고 있습니다.

다음은 대한상공회의소에서 스마트폰으로 상품검색 후 물품 구입 경험 여부를 조사한 자료입니다.

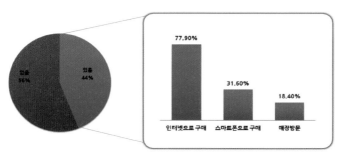

◆ 스마트폰으로 상품검색 후 물품 구입 경험 여부 _Source : 대한상공회의소

모바일 무선 인터넷의 보편화와 컨텐츠 및 결제 인프라 확대로 소비자의 모바일 소비패턴이 변화하고 있습니다. 국내 스마트폰 사용자 43.9%는 스마트폰을 통해 상품정보를 검색하고, 31.6%는 결재까지 완료합니다.

2010년 하반기부터 본격적으로 모바일 마케팅이 확산되었고, 주말에 집중적으로 검색량이 늘어나는 패턴을 보입니다. 초기에는 PC와 보완하는 형태를 취했으나, 일부 인기 키워드들은 PC보다 모바일에서 검색이 활발합니다.

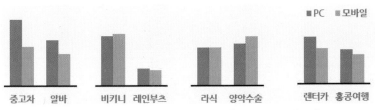

◆ 네이버 모바일 키워드 검색 수 비교_PC vs 모바일 _자료출처 : NAVER 내부 자료

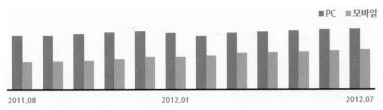

◆ 네이버 모바일 키워드 검색 수 비교_PC vs 모바일 _자료출처 : NAVER 내부 자료

모바일광고 상품

모바일 광고 유형은 크게 푸시형과 풀형으로 구분되며 각각의 세부 광고 상품은 다음 표와 같습니다.

구분		특징 및 내용
푸시형 (push)	SMS	단문메시지 서비스를 이용한 광고
	EMS	텍스트 이외 벨소리, 그래픽, 이미지를 전송할 수 있는 광고
	MMS	문자, 음성, 그래픽, 동영상의 멀티미디어 구현이 가능한 광고
	유성/오디오 광고	착발신 통화대기음 광고 등 음성컨텐츠를 이용한 광고
	위치기반형 광고	LBS(위치기반기술)을 이용한 타켓팅 광고
풀형 (pull)	노출형 광고	무선 인터넷 컨텐츠 상에 삽입된 이미지 혹은 텍스트 형태의 광고
	검색 광고	모바일 웹에서 구현되는 검색 광고
	브랜드앱 광고	기업에서 자사의 브랜드나 제품의 홍보를 위하여 제작하여 배포하는 스마트폰용 어플리케이션에 탑재된 광고
	QR토드 광고	QR코드를 활용한 광고

모바일 광고는 푸시형(고객 DB분석 후에 광고메시지를 전달)과 풀형
(사용자의 참여를 유도하는 방식)으로 나눌 수가 있으며 국내에서는 풀
형의 노출형 광고(50.8%)와 검색광고(27.5%)가 주를 이루고 있습니다.
다음은 모바일 광고 집행예산 광고의 유형별 비중을 나타낸 통계 자료입
니다.

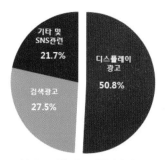

◆ 2012 모바일 광고 집행예산 광고 유형별 비중 _source : 2012.6 다음커뮤니케이션즈

네이버 모바일 배너는 노출형 광고의 대표적 상품으로 광고별로 입찰
가를 입력하여 실시간으로 노출광고를 결정합니다.

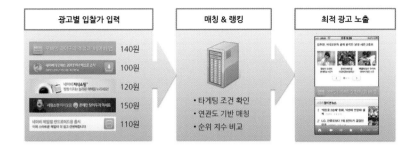

광고별 입찰가 입력	매칭 & 랭킹	최적 광고 노출

네이버 모바일 검색은 검색결과 화면에 최대 5개의 광고 노출이 됩니다. '제목 +표시 URL +설명문구 + 전화번호' 가 노출됩니다.

◆ 네이버 모바일 검색 결과 화면

5장

무비용 마케팅

입소문 마케팅과
소셜 네트워크 마케팅

01 / 입소문 마케팅이란

   입소문 마케팅이라 함은 '사람의 입에서 입으로, 또다시 입에서 입으로' 전해지는 것으로 '바이럴 마케팅' 이라고 합니다. 즉 블로그의 포스트(글)는 이웃에게 전해지고, 다시 그 이웃의 이웃들에게도 전해져야 하고, 쇼핑몰의 게시판의 글들은 쇼핑몰 회원들의 친구들에게도 전해져야 합니다. 블로그, 카페, 지식인, 쇼핑몰 게시판 등이 대표적인 입소문 마케팅 도구들입니다. 각각의 특징은 다음과 같습니다.

도구	특징	효과
카페	관심사가 비슷한 사람들을 모을 수 있고, 가입을 통한 회원간의 결속력과 충성도 높습니다.	카페 회원 가입과 회원 레벨 설정 등으로 충성 고객을 확보하고 타깃 마케팅을 할 수 있습니다.
블로그	정보 습득이 카페보다 자유롭고, 블로그 포스트 내용을 검색한 사람들의 방문을 유도할 수 있습니다.	특정 분야의 꾸준한 포스팅이 쌓이면 이웃들에게 쇼핑몰의 직간접인 홍보 효과로 꾸준한 유입과 매출을 기대할 수 있습니다.
지식인	질문자의 질문에 답변을 받을 수 있으며, 그 질문과 답변 내용은 검색자의 방문을 유도할 수 있습니다.	특정 분야의 질문에 대한 답변으로 전문가라는 신뢰감을 줄 수 있고, 그 신뢰감으로 쇼핑몰 방문을 유도할 수 있습니다.
쇼핑몰 게시판	쇼핑몰의 읽을거리와 볼거리를 만들어 고객에게 쇼핑몰에 대한 충성도와 신뢰감을 줄 수 있습니다.	쇼핑몰 운영자와 고객은 구매자와 판매자의 관계에서 공감대를 형성하는 신뢰감이 형성되어 고객의 구매 결정을 손쉽게 만듭니다.

다음은 쇼핑몰에서 카페와 쇼핑몰의 게시판입니다. 카페의 회원가입 조건은 10~20대 여자회원이며, 그 이유는 쇼핑몰의 타겟층이 10~20대 여성이기 때문입니다. 또한 쇼핑몰에서 운영하는 패션&뷰티 게시판과 같은 다양한 게시판은 고객과 공감대를 형성하는데 매우 큰 역할을 합니다.

◆ 쇼핑몰에서 운영하는 카페

◆ 쇼핑몰의 패션&뷰티 게시판

02 / 입소문 마케팅 도구의 특징

블로그, 카페, 지식인, 쇼핑몰 게시판 등은 운영자가 의도적으로 개입하여 다른 사람들이 자발적으로 입소문 낼 수 있는 도구로 입소문의 원인인 콘텐츠를 생산할 수 있습니다. 콘텐츠라 함은 블로그의 포스트(글) 및 이웃들의 댓글, 카페의 게시글 및 회원들의 댓글, 지식인의 질문과 답변 글, 쇼핑몰에서 운영하는 게시판의 각종 정보들과 회원들의 글 등 모두 포함됩니다.

다음은 네이버에서 '스티플링브러쉬 활용법' 키워드로 검색한 블로그 검색 결과입니다. 블로그 운영자는 고객에게 알리고자 하는 '스티플링브러쉬 활용법' 이라는 주제를 스타일난다의 블로그에 포스팅합니다. 고객은 '스티플링브러쉬 활용법' 에 관한 정보를 찾기 위해 '스티플링브러쉬 활용법' 키워드로 검색하다가 블로그에서 작성한 포스트(❶)를 발견하고 그 컨텐츠를 소비하게 됩니다.

고객은 이 콘텐츠를 소비한 다음 그 내용이 만족스럽다고 판단하면 블로그에서 포스팅되는 컨텐츠를 손쉽게 접할 수 있도록 '이웃(❷)' 으로 추가하면서부터 블로그와 이웃 관계가 형성됩니다. 이후 블로그에서 운영하는 쇼핑몰(❸)이 있다는 것을 알게 된다면 클릭하여 쇼핑몰을 방문하기도 합니다.

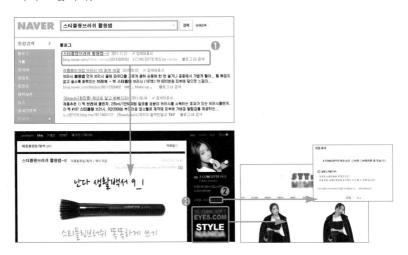

이웃으로 추가하면 이 블로그의 포스트가 내 이웃들에게 보여지기는 하지만 내 이웃의 이웃에게로 전파되길 기대하는 것은 어려울 뿐만 아니라 내 이웃에게도 조차 보여지지 않고 블로그를 방문한 방문자에게만 보여지고 끝나는 경우가 대부분입니다. 그 이유는 블로그는 포스트를 만들어 등록하는 '컨텐츠 생산'에 포커서가 맞추어진 마케팅 도구이기 때문입니다. 즉 블로그 운영자는 컨텐츠를 만드는 생산자이고, 블로그 방문자는 컨텐츠를 소비하는 소비자이고 대부분의 방문자는 컨텐츠를 소비하면 블로그를 이탈합니다.

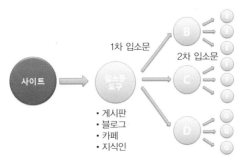

◆ 입소문 마케팅 흐름

다음은 블로그, 카페, 지식인, 쇼핑몰 게시판의 콘텐츠를 소비한 후 만족한 콘텐츠 구독자가 콘텐츠 등록자에게 의사를 표현하는 방법입니다. 특히 적극적인 방법 중 소셜 네트워크 서비스(트위터, 미투데이 등)로 보내는 경우 전파의 속도가 매우 빠르며 방문자 수도 기하급수적으로 늘어납니다.

서비스 종류	소극적 방법	적극적인 방법	가장 적극적인 방법
지식iN	• 답변하기 • 답변 추천하기 • 의견 쓰기	• 지식iN 보관함에 담기 • 내 블로그에 담기 • 카페에 담기	• 네임카드의 URL 방문 • 답변자의 마이지식 방문
카페	• 가입하기 • 덧글 달기 • 답글 쓰기 • 동맹카페	• 글쓰기 • 자주 출석하기	• 네이버미(me) 구독하기 • 초대하기 • 채팅하기 • 홈페이지/쇼핑몰 방문하기
블로그	• 덧글 달기 • 공감하기	• 이웃추가/서로이웃 • 내 블로그에 담기 • 카페에 담기	• 초대하기 • 선물하기 • 쪽지 보내기 • 트위터로 보내기 • 미투데이로 보내기 • 네이버미(me) 구독하기 • 홈페이지/쇼핑몰 방문하기
쇼핑몰·홈페이지	• 아이쇼핑하기 • 상품 후기 쓰기	• 회원 가입하기 • 장바구니에 상품 담기 • 즐겨찾기에 담기	• 트위터 또는 미투데이 친구 등록하기 • 구매하기 • 상품 테스트 등에 참여하기

03 입소문 마케팅과 소셜 네트워크 서비스 핵심 비교

입소문 마케팅의 목적은 '사람의 입에서 입으로, 또다시 입에서 입으로' 전해지는 것이기 때문에 진정한 입소문 마케팅 효과를 얻기 위해서는 강력한 전파력을 가지고 있는 '소셜 네트워크 서비스'를 이용하면 효과적입니다.

블로그, 카페, 지식인, 쇼핑몰의 게시판은 컨텐츠를 '생산'하고 '소비'하는 형태의 구조를 가지고 있지만, 소셜 네트워크 서비스는 컨텐츠 소비자들에게 전파가 용이한 컨텐츠를 '소비'하고 '전파'하는데 포커스가 맞추어진 마케팅 도구입니다.

블로그, 카페, 지식인, 쇼핑몰 게시판	➡	컨텐츠 생산과 배포의 역할

블로그, 카페 등의 입소문 마케팅 도구가 컨텐츠 생산의 역할을 하고, 트위터, 페이스북, 미투데이 등 소셜 네트워크 마케팅 도구가 그 콘텐츠를 소비하고 전파하는 형태로 이루어진다면 '사람의 입에서 입으로, 또 다시 입에서 입으로' 전해지는 진정한 입소문 마케팅 효과를 기대할 수 있습니다.

| 트위터, 페이스북, 미투데이 | → | 컨텐츠 소비와 전파의 역할 |

트위터, 페이스북, 미투데이 등 소셜 네트워크 서비스에는 '알리기'와 '댓글(멘션)' 기능이 있고, 이 기능을 이용하면 친구들에게 실시간으로 콘텐츠가 확산됩니다.

구분	트위터	페이스북	미투데이	요즘
알리기	리트윗(RT,retweet)	공유하기	내 미투에도 쓰기	소문내기
댓글(멘션, Replies)	멘션	댓글 달기	댓글 달기	반응글쓰기

다음은 상품 정보를 주변의 지인들에게 전하기 위해서 SNS를 이용하는 사례입니다. 트위터, 페이스북, 미투데이, 요즘 등 SNS 버튼(❶)을 클릭합니다.

만약 상품 페이지에서 트위터 버튼을 클릭하면 트위터로 접속되고 트위터 글 입력 상자에 140자 이내의 글자를 작성한 후 [트윗하기] 버튼을 클릭합니다.

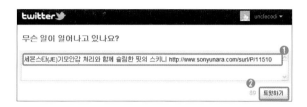

자신의 트위터 타임라인에 트윗한 글이 등록(❶)되고 자신의 친구(❷)들에게도 전파되기 시작합니다.

위와 같이 고객들은 자신들이 주로 이용하는 SNS를 통해서 상품 정보를 공유합니다.

◆ 페이스북으로 상품 정보 페이지 링크 정보 공유

◆ 트위터로 상품 정보 페이지 링크 정보 공유　　◆ 미투데이로 상품 정보 페이지 링크 정보 공유

04 소통하는 쇼핑몰과 소통하지 않는 쇼핑몰의 마케팅 비교

첫 방문 이후 다시 방문하는 고객은 일단 쇼핑몰의 상품이나 커뮤니티의 콘텐츠 등 무언가에 관심이 있다는 것을 의미합니다. 재방문한 고객이 매출로 이어지지 않는다면 관심은 있지만 구매 결정을 하기에는 뭔가 부족함이 있다는 것을 의미하거나 관계 형성이 두텁지 않다는 것을 의미하기도 합니다.

구매 결정을 내리지 못하는 고객에게 쇼핑몰의 신뢰도는 구매 결정의 큰 요인으로 작용합니다. 블로그의 이웃이나 SNS의 친구가 어떤 상품을 추천해주면 구매결정을 내리기가 쉽습니다. 그 이유는 신뢰하는 사람들이 추천해주는 것이기 때문입니다. 이 처럼 쇼핑몰 운영자 또는 블로그, 카페 등 커뮤니티를 통해서 운영자와 회원 사이에서 신뢰하고 소통할 수 있는 매개체 역할을 하는 것이 '콘텐츠', 즉 '이야기꺼리' 입니다.

다음 쇼핑몰A와 쇼핑몰B는 모두 여성의류 선문 쇼핑몰입니다. 쇼핑몰A를 방문한 고객은 옷 구경을 하다가 마음에 드는 상품을 발견하지 못하면 쇼핑몰 바로 빠져나갈 수밖에 없는 구조입니다. 쇼핑몰A는 방문자와 운영자가 소통할 수 있는 공간은 '상품 사용후기' 게시판이 유일하기 때문입니다.

반면에 쇼핑몰B는 옷 구경을 하다 마음에 드는 상품을 발견하지 못했다 하더라도 바로 이탈하지 않을 확률이 매우 높고 처음 방문한 사람이 마음에 드는 상품을 발견하지 못했더라도 재방문 확률이 매우 높아집니다. 왜냐하면 쇼핑몰B에는 전면은 물론 곳곳에 '메이크업 강좌', '패션 강좌', '코디 코너', '소셜, 웹툰 이야기', '연예인 정보', '헤어, 다이어트 다이어리', '사소한 고민상담', '우리들의 이야기' 등 다양한 주제의 게시판들이 있고 사소한 이야기 거리로도 여러 사람들과 소통할 수 있는 공간이 많이 있기 때문입니다.

이외에도 트위터(twitter), 미투데이(me2day), 요즘(yozm) 등 소셜 네트워크 서비스와 카페를 통해서 쇼핑몰과 유대관계를 맺을 수 있는 서비스도 진행하고 있습니다.

◆ 소통의 공간　　　　　　　　◆ 소통의 공간　　　　　◆ SNS서비스

　　쇼핑몰A에서 유일하게 방문자가 상품 이외에 볼 수 있는 콘텐츠인
'상품 사용후기' 게시판 내용을 살펴보겠습니다. 다음 그림은 '상품 사
용후기' 게시판에 등록된 콘텐츠는 3가지 문제점이 있음을 알 수 있습
니다.

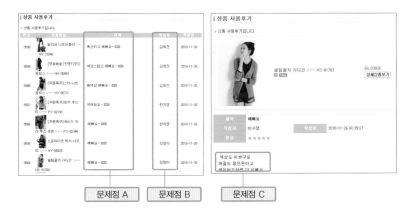

쇼핑몰A는 게시판을 개설하였지만 고객들의 공감은 물론 관계를 형성하는데 실패하여 고객들의 참여를 이끌지 못했고, 이는 키워드 광고와 같은 유료 광고에 대한 의존도를 높일 수밖에 없습니다.

구분	항목	내용
문제점 A	제목	상품 후기로 등록된 모든 콘텐츠 제목이 '~요' 끝나기 때문에 고객 스스로 작성했다는 자연스러움을 느낌이 없고 인위적으로 만들어졌다는 느낌이 듭니다.
문제점 B	작성자명	동일인이 한 번에 2~3개의 콘텐츠를 연속적 등록하여 운영자가 직접 작성했다는 느낌을 줄 수 있습니다.
문제점 C	콘텐츠 내용	색상, 재질 등이 어떻게 좋은지 구체적인 설명이 없기 때문에 방문자가 보았을 때 상품을 구매하는데 영향을 줄 수 없습니다.

반면 쇼핑몰B는 다양한 성격의 게시판을 운영하고 콘텐츠가 풍부하여 볼거리가 많고, 고객들의 공감과 관계 형성은 물론 고객들의 적극적인 참여를 이끄는데 성공하였습니다. 특히 쇼핑몰 운영자와 고객이 식섭 커뮤니티로 소통할 수 있는 게시판이 활성화되었다는 것은 카페, 쇼핑몰 게시판 등이 쇼핑몰 마케팅 도구로서의 역할을 충실히 하고 있다는 것을 의미하기도 합니다.

예를 들어 '코디가 궁금해?' 게시판 코너는 고객과 고객이 서로서로 댓글을 달며 코디 관련 정보를 공유할 수 있는 공간이기도 합니다. 쇼핑몰A와 달리 쇼핑몰 B는 운영자가 직접 작성하고 고객과 고객이 서로의 글에 댓글로 참여하고 있습니다. 작성된 글을 오른쪽에 IP 주소가 적혀 있어 고객들이 직접 작성한 글이라는 것이 간접적으로 표시되었습니다.

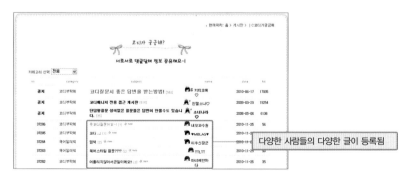

다양한 사람들의 다양한 글이 등록됨

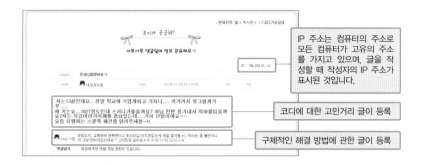

다음은 쇼핑몰 A와 쇼핑몰 B의 전략의 초점과 기대 효과를 비교한 표입니다. 쇼핑몰 A가 쇼핑몰 B에 비해 쇼핑몰 방문 고객의 유치를 위해 더 많은 광고비용이 발생해야 됨을 알 수 있습니다.

결론적으로 쇼핑몰A는 광고로 신규 고객을 유치하기 보다는 쇼핑몰의 내부를 고객들과 관계를 형성하고 고객의 참여를 이끌어들여 개선해야 될 필요성이 있습니다. 특히 고객과 소통할 수 있는 통로 역할을 하는 게시판운영, 블로그, 카페, 소셜 네트워크 서비스가 필요한 상태입니다.

구분	소통의 초점	분석
쇼핑몰 A	고객과의 관계 형성 및 고객의 참여 등 고객과 소통하는 통로가 전무한 상태에서 광고에만 의존하여 매출이 발생하는 전략입니다.	고객의 이탈율이 높고, 재구매율이 낮기 때문에 광고에 대한 의존도가 매우 높습니다.
쇼핑몰 B	광고, 쇼핑몰의 다양한 게시판, 카페, 소셜 네트워크 서비스 등 다양한 방법으로 고객과 소통하고 있고 고객들과 관계 형성은 물론 적극적인 참여를 유도하고 있습니다.	고객의 충성도가 높기 때문에 매출이 안정적입니다. 또한 쇼핑몰 A에 비해 광고에 대한 의존도를 낮출 수 있습니다.

05 콘텐츠 만들기

콘텐츠의 기본 양식

카페 게시글, 블로그의 포스팅 등 콘텐츠 제작의 기본 양식은 다음과 같이 제목과 3단 본문 구조를 가지고 있습니다.

제목	핵심 키워드 2~3회 반복
도입 부분	핵심 키워드 비중 60%
전개 부분	핵심 키워드 비중 20%
결말 부분	핵심 키워드 비중 20%

컨텐츠의 핵심 키워드는 제목에 2~3회, 본문에서 6~10회 정도 반복하고, 본문을 도입 부분, 전개 부분, 결말 부분으로 3등분하였을 때 도입 부분에 60% 이상 포함되시키고, 전개 부분과 결말 부분에서 각각 20% 정도 포함시킵니다. 예를 들어 본문 전체의 공략 키워드의 사용횟수가 10회라면 도입 부분에 6번 정도 빈복시키고, 전개 부분에 2번 정도, 결말 부분에 2번 정도 반복시킵니다. 이외 이미지는 3~10개 정도를 포함시킵니다.

지식iN의 답변글, 카페 게시글, 블로그 포스팅 등 콘텐츠를 작성할 때 메인 키워드를 추출한 후 본문에 사용합니다. 이때 다음 그림과 같이 검색엔진이 좋아하는 콘텐츠 본문 구조('레이아웃 타이틀(제목)+이미지+레이아웃(본문 내용)+이미지+마무리 내용(결론)')를 고려하여 작성합니다.

콘텐츠의 유형을 결정하고 만들어라

콘텐츠를 만들 때는 콘텐츠의 유형을 결정한 후 만들어야 마케팅의 방향과 대상을 선정하기가 수월합니다. 콘텐츠의 유형은 정보성 콘텐츠와 친근성 콘텐츠로 분류할 수 있습니다.

자신이 겪은 노하우, 알고 있는 지식 등은 정보성 콘텐츠이고, 일기나 사연과 일상적인 일들 속에서 벌어진 사건이나 사연 등은 친근성 콘텐츠입니다. 성형외과 홈페이지에서 제공하는 성형수술에 관한 전반적인 상식에 관한 콘텐츠라면 정보성 콘텐츠에 해당되고, 어떤 환자가 성형수술을 할 수 밖에 없었던 사연과 성형수술 후 자신감을 찾아가는 이야기 등은 친근성 콘텐츠입니다. 그 분야에 해박한 지식과 다양한 경험이 있다면 콘텐츠를 만들 때 도움이 될 수 있지만 반드시 전문적인 지식을 갖추어야 되는 것은 결코 아닙니다. 전문적이면 전문적일수록 감동을 주기는 어렵기 때문입니다.

예를 들어 의류를 판매하는 사람이라면 '운영진의 하루'라는 카페나 블로그 메뉴 또는 쇼핑몰의 게시판을 만들어 도매시장에서 힘들게 사입했던 이야기, 매장의 신상품을 디스플레이하는 기쁨, 고객 때문에 속상했던 일들을 사진과 함께 사연을 쭉 적어놓으면 전문가적인 분위기도 연출할 수 있고 무엇보다도 고객들에게 공감과 신뢰를 줄 수 있습니다. 즉, 운영진의 희로애락을 연출하면 신뢰감을 줄 수 있어야 콘텐츠 본연의 목적을 달성할 수 있기 때문입니다.

〉 [카페 소식]	-	**공지** [등업 공지] 카페 회원 등업 안내 [44]	마케팅 ▣	2010.03.17 468
⊞ 이벤트 & 새소식	☐ 301	[운영진의 하루]뼁뼁이 티셔츠, 전면 개방이 안되어 입어볼 수 없었다. ▣ [38]	마케팅 ▣	2010.10.09 297
⊞ 운영진의 하루	☐ 300	[운영진의 하루]나이런 언니와 한판 붙었다. ▣ [44]	마케팅 ▣	2010.10.03 414
	☐ 299	[운영진의 하루]사이즈 반품하려다 국그릇을 엎어버리고 말았다. ▣ [54]	마케팅 ▣	2010.09.27 455
	☐ 298	[운영진의 하루]디스플레이는 정말 어렵다... ▣ [62]	마케팅 ▣	2010.09.19 395
	☐ 297	[운영진의 하루]드디어 신상품 입고. 기대반 걱정반 ▣ [93]	마케팅 ▣	2010.09.13 378
	☐ 296	[운영진의 하루] 금쪽, 금요일 새벽 0시 15분 동대문 사입하던 날 ▣ [48]	마케팅 ▣	2010.09.07 470
	☐ 295	[운영진의 하루]오늘은 얼마나 사입해야 할지... ▣ [83]	마케팅 ▣	2010.09.01 612

고객을 유입시키는 콘텐츠 제목과 본문 구성

콘텐트의 제목은 최대한 클릭해보고 싶도록 만들어 클릭을 유도할 수 있어야 합니다. 예를 들어 장사꾼의 냄새가 잔뜩 풍기는 '우리 쇼핑몰의 상품은 이렇게 우수합니다.'라는 제목으로는 쇼핑몰에 접근을 유도하기 어렵습니다.

"강남 최고의 이태리 ○○○ 식당"보다는 "이태리 본고장의 맛을 느낄 수 있는 ○○○"이 더 자연스러운 상품 표현 방법입니다. 첫 번째 표현은 너무 상업성 느낌이 강하게 전달되는 반면 두 번째 표현은 상업적인 느낌보다는 상품을 통해서 맛을 전달하려는 느낌이 강합니다.

콘텐츠는 운영진 본인의 카페, 블로그 등에도 등록하는 것은 물론 사람들이 많이 다니는 카페나 커뮤니티 사이트 중 게시판의 성격에 맞는 곳에 카페나 블로그에 등록된 전체 콘텐츠 중 일부 콘텐츠를 등록하여 접속을 유도해야 합니다.

콘텐츠 마지막에 '[운영진의 하루 콘텐츠 더 보기]'에 링크 주소를 넣어 클릭을 통해 카페나 블로그 등으로 유입을 유도합니다. 다음 표는 내 카페에 등록된 '운영진의 하루 시리즈 10편' 중 5편을 선정하여 사람들이 많이 모이는 카페 몇 곳, 사람들이 많이 모이는 커뮤니티 사이트 몇 곳의 게시판, 네이버 및 다음 지식 서비스에 1~5편을 등록합니다.

등록된 콘텐츠를 클릭해본 사람들 중 콘텐츠에 관심을 보인 사람들은 링크 주소를 클릭하여 운영자의 카페나 블로그로 유입시킬 수 있습니다.

이 콘텐트는 상품을 판매하거나 홍보하는 상업적인 콘텐츠가 아닌 운영자의 진솔한 이야기를 담은 콘텐츠이기 때문에 여러 사람들에게 신뢰를 줄 수 있습니다.

 시리즈 콘텐츠는 사람들이 모이는 커뮤니티 게시판에 등록하라

인터넷 마케팅은 관심사가 비슷한 사람들이 많이 모이는 곳에 콘텐츠를 등록하면 마케팅 효과도 빠르게 나타납니다. 예를 들어 사진기구나 조명기구 등을 판매하는 쇼핑몰이라면 디지털카메라 전문 커뮤니티인 '디시인사이드(www.dcinside.com)'의 게시판에 등록하는 것이 유리합니다.

고객이 무엇을 원하는지 파악하라

고객이 원하는 것이 무엇인지 파악해야 고객의 입장에서 콘텐츠를 작성할 수 있습니다. 고객의 입장을 배려하지 않은 콘텐츠는 판매자 자신만 만족하는 콘텐츠이며, 콘텐츠 만드느라 시간만 낭비한 꼴에 불과합니다. 적을 알아야 적을 무찌를 수 있는 전략이 나오는 듯이 먼저 고객들이 원하는 것이 무엇인지 알아내는 것은 마케팅의 시초입니다. 고객이 원하는 것이 무엇인지를 알아낼 수 있는 답은 나 자신 스스로 고객이 되어보면 쉽게 답을 얻을 수 있습니다.

예를 들면 고객은 만약 관심을 갖는 상품을 사용하게 되면 나에게 어떤 변화가 일어날까? 이 상품이 내가 원하는 것을 충족시켜 줄 수 있을까?라는 생각하면 조금씩 소재가 나오기 시작합니다.

청순하면서도 섹시한 변화를 주기 위해 어떤 루즈를 선택해야 할 지 고민하는 여성 고객을 위한 루즈 화장품 마케팅 목적의 콘텐츠를 만든다고 가정해봅시다. 다음은 대상 고객을 파악하고 그 고객들이 무엇을 원하는지 핵심 내용을 요약한 표입니다.

상품의 대상 고객은?	약간의 변화가 필요한 여성
고객이 원하는 것은?	청순하면서도 약간은 섹시한 입술을 연출하고 싶은 마음
	남자들로부터 시선을 사로잡을 수 있는 엣지 있는 분위기를 연출하기를 원하고 있음

다음 그림은 화장품 전문업체에서 위 표의 고객층을 분석하여 이들에게 어필할 수 있 콘텐츠를 만드는 사례입니다. 입술의 붉은색을 약간 다운시켜 청순함을 연출하고 아랫입술에 볼륨감을 주어 섹시함을 연출하는 메이크업을 소개하면서 자연스럽게 상품을 노출시킵니다. 립 컨실러, 루즈, 루즈 클로스 3가지 제품의 사용기 콘텐츠에서 제품의 사용방법과 함께 제품의 특징을 잘 표현한 사례입니다. 이 콘텐츠는 철저하게 구매자의 입장에서 작성되었기 때문에 구매자들 입장에서 보면 설득력이 강하게 어필할 수 있습니다.

이 콘텐츠의 구성을 살펴보면 루즈를 구매하고 싶은 사람들이 알고 싶은 정보가 포함되어 있고, 청순하고 섹시함이 표현된 결과 사진으로 고객들이 공감할 수 있고, 상품을 구매하라고 강요하는 부분도 전혀 없습니다. 결국 콘텐츠에 만족한 고객은 상품 정보를 구체적으로 보기위해 상품 이미지들을 클릭하게 됩니다.

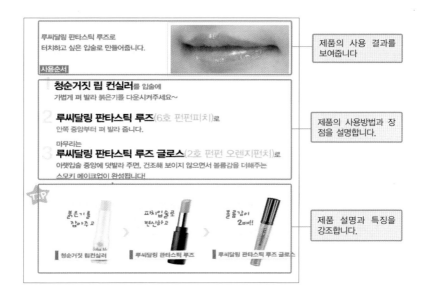

| 제품의 사용 결과를 보여줍니다 |
| 제품의 사용방법과 장점을 설명합니다. |
| 제품 설명과 특징을 강조합니다. |

 제품의 체험기나 사용후기 콘텐츠를 직접 만들 때 주의사항

마케터나 판매자가 제품의 체험기나 사용후기 콘텐츠를 직접 만들 때는 그 제품을 고객이 구매함으로써 얻는 이득, 효과, 장점 등에 초점을 맞추어 설명해야 합니다. 이 상품을 착용하거나 사용함으로써 어떠한 점이 달라지고 좋아질 수 있다는 식의 구체적인 표현이 중요합니다.

06 입소문 · 소셜 네트워크 마케팅에서 사용할 콘텐츠 만들기

키워드 스테이션 등을 통해서 시즈너블한 소재를 추출합니다. 여기서는 스키에 관련된 키워드를 소재로 사용하겠습니다. '스키장', '용평리조트', '눈', '대명비발디파크', '겨울여행지추천', '보광휘닉스파크', '스노우체인', '무주스키장' 키워드는 콘텐츠를 만들 때 중요한 소재이자 콘텐츠를 검색 상위 노출의 핵심 키워드들입니다.

콘텐츠 소재와 제목 및 키워드 배치와 순서 결정하기

01 단발 콘텐츠 또는 시리즈 콘텐츠 중 콘텐츠 성격을 결정합니다.

콘텐츠 연재 유형 결정

단발 콘텐츠 : 다루는 소재가 지극히 개인적인 이야기인 경우

시리즈 콘텐츠 : 다루는 소재가 대중적으로 관심 갖는 이야기인 경우

02 제목과 소제목을 작성합니다. 예를 들어 4곳의 스키장을 소개하는 시리즈 콘텐츠라면 콘텐츠의 제목과 소제목 및 본문은 다음과 같이 각각의 핵심 키워드를 적절히 배치합니다.

제목 : [○○스키장 겨울여행지]올 겨울 가장 가보고 싶은 스키장은 어디? 겨울여행지 시리즈
소제목 : ○○ 스키장 소개

03 콘텐츠 작성에 필요한 이미지, 동영상 등 자료를 수집합니다.

필요한 그림 1	눈 내리는 스키장 전경
필요한 그림 2	용평리조트 스키장
필요한 그림 3	대명비발디파크 스키장
필요한 그림 4	보광휘닉스파크 스키장
필요한 그림 5	무주스키장
필요한 그림 6	스노우체인

04 콘텐츠 내용을 작성합니다. 시리즈 콘텐츠를 구성할 때는 콘텐츠의 일관성을 지키고, 콘텐츠의 핵심 키워드, 공통으로 들어가는 내용, 공통으로 들어가야 할 키워드 등을 선정한 후 해당 키워드가 포함될 수 있도록 작성합니다. 또한 콘텐츠의 상위 노출과 함께 방문자의 이해와 전달되는 효과를 높이기 위해 각각 그림을 포함시킵니다.

필요한 콘텐츠 내용	○○ 스키장에 관한 콘텐츠 소개 및 특징
공통의 내용	4개의 콘텐츠를 링크시킨 주소를 첨부하여 클릭해서 볼 수 있도록 합니다. 스키장갈 때 반드시 준비해야 될 준비물 스노우체인
콘텐츠의 일관성	여기 콘텐츠에서는 장난스럽게, 저기 콘텐츠에서는 딱딱하게.... 여기 콘텐츠에서는 반말 비스무레, 저기 콘텐츠에서는 정중하게... 이런 식으로 작성하면 안되며, 일관성있게 작성합니다.
콘텐츠 대상	수요층이 가장 많게 조사된 30대 남성들이 공감이 될 수 있게 작성합니다. 30대 남성은 가족이나 연인과 함께 즐거운 시간을 보낼 수 있는 방향으로 이어갑니다
핵심 키워드	콘텐츠의 핵심되는 키워드를 선정하여 검색 상위에 노출될 수 있도록 제목, 소제목, 본문에 배치합니다.
공통 키워드	눈, 스노우체인, 겨울여행지 등 공통으로 들어가는 키워드는 스토리를 만들 때 적절히 포함시킵니다.

05 대표 콘텐츠를 작성하여 등록합니다. 대표 콘텐츠란 블로그, 카페, 지식, 쇼핑몰의 커뮤니티 게시판에 등록시킬 콘텐츠를 의미합니다. 다음은 내가 운영하는 사이트 커뮤니티 게시판, 카페, 블로그에 등록시킬 대표 콘텐츠 유형입니다. 이 콘텐츠는 내가 운영하는 곳(사이트 커뮤니티 게시판, 카페, 블로그) 이외에도 다른 카페, 블로그 등에도 등록합니다.

콘텐츠 제목	[○○스키장 겨울여행지]올 겨울 가장 가보고 싶은 스키장은 어디? 겨울여행지 시리즈1
콘텐츠 내용	○○ 스키장 소개 • ○○스키장 키워드를 총 10~20회 정도 반복합니다. • ○○스키장 키워드를 강조(색상, 크기, 굵기)합니다. • ○○스키장 이미지 5컷~10컷 정도 삽입합니다. • 콘텐츠 시리즈의 링크 주소를 삽입합니다. 눈 오는 날 가보고 싶은 스키장 겨울여행지 시리즈 링크 주소를 첨부합니다. • 모드 콘텐츠에 ○○스키장 가는 길 약도와 준비물(스노우체인, 상비약 등)을 소개합니다.

소셜 네트워크에 등록할 콘텐츠를 작성하기

다음은 미투데이, 트위터, 페이스북 등 소셜 네트워크에 등록할 콘텐츠 유형입니다. 소셜 네트워크에 등록할 콘텐츠는 두 가지 유형이 있으며 목적에 따라 효과적인 유형을 선택합니다.

첫 번째 유형은 위에서 등록한 블로그, 카페 등으로 접속을 유도할 목
적의 콘텐츠이고, 두 번째 유형은 쇼핑몰이나 홈페이지의 커뮤니티로 유
도시킬 목적의 콘텐츠입니다.

❶ 블로그 또는 카페 유도 목적의 소셜 네트워크 글

콘텐츠 내용	[○○스키장 겨울여행지]올 겨울 가장 가보고 싶은 스키장은 어디일까요? ○○스키장 겨울여행지를 자세히 소개합니다. 블로그 또는 카페 링크 주소

❷ 쇼핑몰 게시판이나 이벤트 페이지 유도 목적의 소셜 네트워크 글

◆ 드위디에서 등록하는 글

◆ 미투데이에서 등록하는 글

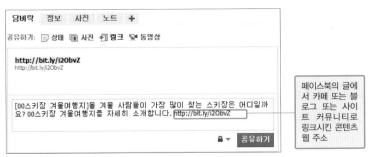

◆ 페이스북에서 등록하는 글

이메일 마케팅 이해와 효과

01 / 이메일 마케팅 이해와 효과

이메일 마케팅이란 이메일을 통해서 사이트의 신상품, 이벤트 등 각종 소식 등 뉴스레터와 같은 맞춤 정보를 정기적으로 발송하여 이메일을 통해서 사이트를 방문을 유도하는 대표적인 무료 광고 도구입니다.

이메일 마케팅은 고객의 데이터베이스를 확보하는데서 시작됩니다. 고객의 데이터베이스는 분류해야 되며 단계별로 마케팅을 전개할 필요가 있기 때문입니다. 고객 분류는 구매 가능성이 있는 잠재고객, 한 번 구매한 경험이 있는 구매고객, 다수의 구매 경험이 있는 충성고객 등으로 분류합니다.

특히 잠재고객에게는 정보나 소식 등을 제공함으로써 관계 형성을 통해 신뢰도를 높이는데 주력합니다. 구매고객과 충성고객은 일반 고객과는 차별화된 서비스 및 다양한 혜택을 줄 필요가 있습니다. 남성의류 쇼핑몰 멋남의 경우 충성고객만을 위한 상품 정보 및 혜택을 주는 VIP게시판을 운영하고 있습니다. 고객의 DB는 사이트의 매출 상승에 큰 도움이 되며, 멋남 쇼핑몰과 같이 고객을 단계별로 서비스를 다르게 할 때 더욱 큰 효과를 얻을 수 있는 것입니다.

이메일 마케팅은 이메일을 발송할 대상을 선정하는 것이 중요합니다. 회원가입, 이벤트 참여 등으로 메일 수신을 허용한 이들에게 보내는 것

은 정당한 것이며, 메일 수신을 허용하지 않았음에도 불구하고 무작위로 메일을 보내는 것은 부당한 것으로 '스팸 메일'로 치부됩니다.

이메일은 쇼핑몰 오픈 초기부터 시작하는 것이 바람직합니다. 쇼핑몰 초기에는 회원 수가 많지 않기 때문에 이메일을 통한 마케팅 효과가 적지만 꾸준히 6개월 정도 진행하다 보면 수만 명에까지 이메일 주소를 확보할 수 있고 그때부터는 쇼핑몰의 가장 강력한 재구매 유도 도구로 사용할 수 있습니다.

구매 가망 있는 유효한 회원을 확보하기 위해서는 쇼핑몰을 만들 때 회원가입 시 이메일을 반드시 기입해야 하는 필수 항목으로 지정합니다. 이렇게 하면 회원의 이메일을 확보할 수 있습니다. 회원으로부터 정확한 이메일 주소를 얻기 위해서는 회원가입 시 적립금 혜택 등을 이메일 주소를 통한 인증해야 받을 수 있도록 하면 효과적입니다. 카페24에서는 기본적으로 이런 기능을 제공합니다.

◆ 이메일을 회원가입 필수항목으로 설정합니다.

 대량메일 발송서비스

카페24의 대량메일 서비스는 건당 1원으로 저렴하게 메일수신을 허용한 전체회원에게 메일을 발송할 수 있는 메일 발송 서비스입니다.

02 이메일의 오픈율과 회수율을 높이는 방법

마케팅을 통해서 처음 방문한 고객이 바로 구매로 이어지는 경우는 많지 않은 것이 일반적입니다. 또한 특정 한 쇼핑몰만 지속적으로 방문하여 구매하는 것도 아닙니다. 또한 상품을 구입한 후 어느 쇼핑몰에서 구입했는지 생각이 나지 않는 고객들도 있습니다. 이들로 하여금 쇼핑몰을 기억하게 하고 방문을 유도하여 구매하도록 하는데 이메일 마케팅이 가장 효과적인 수단입니다. 이메일을 발송할 때는 다음 3가지 사항은 반드시 지킬 수 있어야 이메일의 오픈율과 전환율이 높아집니다.

❶ 이메일은 정기적으로 요일과 시간을 정해서 발송하기

이메일은 정기적으로 발송해야 오픈율과 함께 전환율이 올라갑니다. 이메일을 보내는 횟수, 발송 요일 등을 정기적으로 지속하면 관심있는 고객은 그 기간을 인지하게 되고 자연스럽게 오픈율과 함께 전환율이 올라갑니다. 이메일을 보내는 횟수에는 큰 문제가 없지만 요일이나 시간은 잘 선택해야 합니다.

아침 7시30분에서 8시30분 사이에 발송을 하면 출근하는 도중에도 스마트폰으로 확인할 수 있기 때문에 오픈율과 회수율이 가장 높은 시간대입니다. 그리고 요일은 주로 화, 수, 목요일이 오픈율과 회수율이 높습니다.

❷ 메일 구성에서 상품 홍보 비중을 낮추기

정기 이메일은 업종과 규모에 따라서 다르지만 상품 홍보 이메일만 보내는 경우가 많은 데 이는 바람직한 이메일마케팅은 아닙니다. 상품 홍보 이메일만 보내면 고객과 친밀감이나 공감을 형성하기 쉽지 않고 판매자와 구매자의 관계로만 지속하기 때문입니다. 이메일은 고객과 공감할 수 있는 요소를 적절히 배치하면 고객과의 친밀도가 높아져 전환율과 회수율이 크게 높아집니다. 쇼핑몰이 작은 규모일수록 일상과 사소한 이야기, 애피소드, 블로그의 이야기 등과 상품 홍보의 비율을 6:4, 7:3 정도로 40% 이내로 유지하는 것이 바람직합니다.

❸ 이메일 폼을 만들어 발송하기

이메일의 폼(스킨)은 쇼핑몰 솔루션에서도 무료로 제공되지만 사이트만의 특성을 잘 나타낼 수 있도록 다자인하여 폼으로 만들어 발송을 하면 사이트에 대한 신뢰도가 높아지게 됩니다. 특히 정기적으로 발송하는 이메일 폼에는 각 이미지별로 랜딩페이지를 별도로 설정하면 이탈율을 크게 줄이고 동시에 전환율이 높아집니다.

언론 마케팅 이해와 효과

01 언론 마케팅이란

　언론에 쇼핑몰에 관한 기사가 노출시켜 쇼핑몰의 인지도를 높이는 마케팅입니다. 언론에 기사가 노출되기 위해서는 우선 언론사에 보도 자료라는 홍보 자료를 제출해야합니다. 보도 자료를 제출하면 기자가 그 내용을 보고 기사로 채택 여부를 결정합니다. 기사로 채택하는 경우 보도 자료를 토대로 각색하여 새로운 기사를 만들어 노출됩니다.

　고객이 어떤 제품을 구입하기 위해 쇼핑몰을 방문할 때는 쇼핑몰의 신뢰도에 따라서 구매 전환율이 달라지는 경우가 많은데, 이때 언론에 노출되었다면 언론으로부터 검증되었다는 느낌을 줄 수 있기 때문에 구매 전환율이 높아지고 매출도 증가합니다. 언론에 노출되는 것만큼 신뢰받을 수 있는 마케팅은 많지 않을 뿐만 아니라 기사가 검색 포털의 검색 결과 통합검색의 뉴스 탭(❶) 영역에 노출되면서 언론 마케팅의 가치가 더욱 높아졌습니다.

02 언론 마케팅 집행 방법 이해하기

언론 마케팅 과정을 정리해 보면 다음과 같습니다.

- **1단계** : 기자의 이메일 주소를 수집하고 보도 자료를 꾸준히 발송합니다.
- **2단계** : 중앙지보다는 검색 포털과 제휴된 지역 전문지부터 기사가 실릴 수 있도록 합니다.
- **3단계** : 지역 전문지에 기사가 실리면 검색 포털 사이트의 '뉴스 검색 탭'의 검색 결과에 나타납니다.
- **4단계** : 지역 전문지에서 몇 번의 기사가 실리면 전문가로 인정받게 되고, 조·중·동과 같은 중앙지에도 기사가 실릴 수 있도록 시도합니다.

 정석과 꿈수 검색 포털과 제휴된 언론사 확인하기

뉴스 검색 탭 좌측 메뉴에서 '나의 뉴스 검색 영역'의 '전체 언론사 보기'를 선택하면 검색 포털과 제휴된 언론사를 확인할 수 있습니다.

03 보도자료 작성 방법

보도자료는 크게 신제품 출시, 신기술 개발, 각종 이벤트 등과 같은 홍보성 보도자료와 특정 분야의 화재 또는 이슈가 될 수 있는 트렌드나 각종 정보성 보도자료가 있습니다. 홍보성 보도자료 보다는 정보성 보도자

료가 기사로 채택될 가능성이 더 높습니다. 홍보성 보도자료는 엄청난 양의 자료들이 보내지기 때문에 정보성 보도자료를 만들어 보냅니다. 정보성 보도자를 만들 때는 수치나 통계를 바탕으로 한 자료, 최신 트렌드를 반영한 자료, 이슈화되는 기술, 사건 등에 대한 자료들이 기사로 채택될 확률이 높습니다.

보도자료는 A4 1장 분량은 작성하되 기본적으로 아래의 3가지 기준으로 지켜서 작성합니다.

- 제목은 간결하고 임팩트가 있도록 작성합니다.
- 본문은 6하 원칙에 따라서 작성하되, 상단은 기사의 전체 내용을 함축하여 작성하고 아래로 갈수록 사실에 근거하여 구체적이고 객관적으로 작성합니다.
- 도표, 인용, 사진을 넣어서 작성하되 인용은 반드시 인용한 기관명이나 인물명을 밝혀야 합니다.

보도자료를 만든 후 기자의 이메일로 직접 보낼 수 있습니다. 기자의 이메일 주소는 자신과 관련된 분야의 키워드를 검색한 후 뉴스 검색 탭의 결과를 일일이 클릭(❶)하여 확인한 후 기자의 이메일(❷)을 추출하여 별도로 저장해둡니다. 특히 나와 연관된 분야의 기사만을 전문적으로 올리는 기자에게 보내는 것이 기사로 채택될 확률이 높습니다.

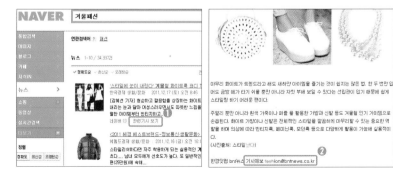

부록

키워드 광고
분석과 전략

시기별 키워드 광고 전략

01 계절별 핵심 키워드 광고 전략

분기별 계절과 행사에 관련된 주요 키워드입니다. 각 계절별 키워드 광고 전략을 세울 때 계절과 행사에 관련된 키워드의 검색이 많이 발생하며, 이외에 '계절 및 행사 관련 키워드 + 일반명사 또는 확장 키워드'를 품목의 특성에 따라 만들어 대상 및 집행 시기와 집행 시간 전략을 세웁니다.

❶ 1분기의 계절 및 행사 키워드

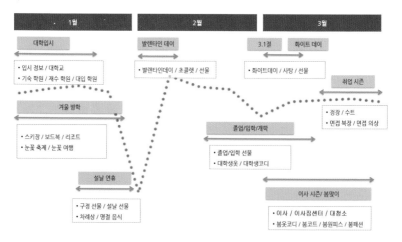

- 계절 관련(봄) 키워드 : 봄나들이, 봄 유행 패션, 봄코디, 봄자켓 등
- 이슈(행사) 관련 키워드 : 봄소풍, 반티(단체티), 수학여행 코디, 결혼식 코디 등

❷ 2분기의 계절 및 행사 키워드

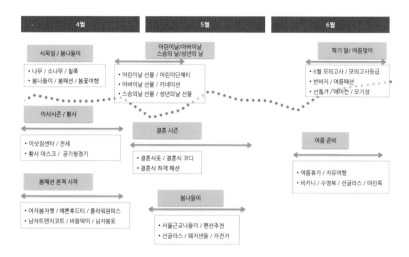

- 계절 관련(여름) 키워드 : 여름 코디, 여름 정장, 여름 패션 등
- 이슈(행사) 관련 키워드 : 비키니, 수영복, 바캉스 패션, 비치 반바지 등

❸ 3분기의 계절 및 행사 키워드

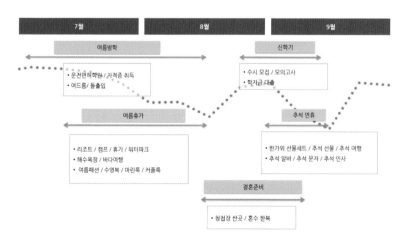

- 계절 관련(가을) 키워드 : 가을 점퍼, 가을 남자 패션, 야상, 바람막이, 가죽자켓 등

- 이슈(행사) 관련 키워드 : 가을 소풍 코디, 수학여행 코디, 가을 결혼식 코디 등

❹ 4분기의 계절 및 행사 키워드

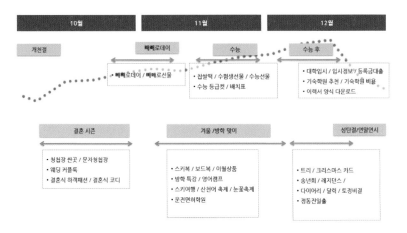

- 계절 관련(겨울) 키워드 : 겨울 원피스, 겨울 패션, 패딩, 코트, 밍크 싸게 파는 곳 등
- 이슈(행사) 관련 키워드 : 파티룩, 크리스마스 패션, 연말모임 의상 등

02 / 검색 현황에 따른 키워드 광고 전략

검색 현황을 살펴보면 광고의 주요 타깃고객층, 요일, 광고의 집행시간대, 주요 광고 키워드 등의 전략을 세울 수 있습니다.

다음은 유·아동복 키워드의 월별 검색 현황입니다. 유·아동복 키워드는 계절이 바뀌는 봄, 가을에 많은 검색이 발생합니다. 특히 날씨가 갑자기 따뜻해지거나 추워지는 간절기에는 상대적으로 많은 검색이 일어나며, 추석과 같은 명절에도 많은 검색이 발생합니다.

유·아동복 키워드는 30대 여성의 검색 점유율이 40%로 비중이 매우 높습니다. 아이들이 어린이집이나 학교를 가고 난 주중 오전 11시에서 오후 5시 사이에 검색율이 높으며, 대부분 월요일부터 금요일까지 주중에 검색율이 높기 때문에 광고 집행 요일과 시간을 탄력적으로 설정합니다. '유아·아동 + 일반명사' 형태의 키워드 검색이 많습니다. 일반명사 키워드는 여성의류 쇼핑몰들 광고가 많으므로 유아우비, 유아부츠, 유아레깅스와 같이 앞쪽에 유아, 아동, 남아, 여아를 붙여서 검색합니다.

- 시간대 : 주중 오전 11시~오후 5시, 주말 오후 2시~5시/ 저녁 8시 ~자정
- 타깃 요일 : 주중(월~금요일)
- 주요 타깃 고객 : 30대 여성
- 키워드 전략 : 대상은 유·아동이지만 구매는 부모에 의해서 이루어 지기 때문에 다음과 같이 구매층별 별도의 키워드 전략을 세웁니다.

20대 후반 여성	30대 여성		30대 남성
배냇저고리	유아우비	샤리템플	유아샌들
신생아웃	블루독수영복	블루독이월상품	아기원피스
신생아의류	블루독하우스	블루독이월	유아장화
버버리베이비	여아수영복	알로봇	돌잔치원피스
배냇저고리만들기	오시코시	유아부츠	아동우비
신생사선물	유아발레복	아동스키복	유아레깅스
배냇저고리	남아수영복	캔키즈	여아웃
아기운동화	모크	어린이장화	유아부츠
롬퍼	구제아동복	블루독아울렛	유아청바지
아기옷만들기	포래즈	페리미츠	돌드레스대여

의류 카테고리별 키워드 광고 분석 02

01 10대 남성 쇼핑몰의 키워드 광고 분석

남성의류 쇼핑몰의 유입율은 키워드 광고를 통한 비중이 가장 높습니다. 일반적인 쇼핑몰은 주말에 유입 및 검색율이 떨어지지만 10대 쇼핑몰의 경우 주말에 유입 및 검색율이 높은 것이 특징입니다. 다음은 요일 및 시간대별 광고 분석과 계절별 광고 분석표입니다. 키워드 광고 집행 시 다음 특징을 참조하여 전략을 세웁니다.

❶ 요일 및 시간대별 광고 분석

방문자수가 가장 많은 요일은 일요일입니다. 월요일과 화요일에도 방문자가 많습니다.

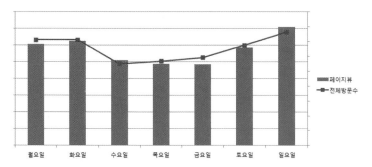

◆ 10대 남성의류 쇼핑몰의 요일별 광고 분석

시간대별로는 오후 20시부터 24시가 피크타임입니다.

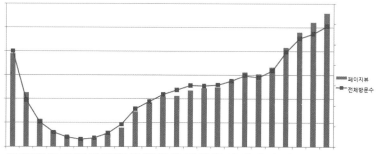

◆ 10대 남성의류 쇼핑몰의 시간대별 광고 분석

❷ 계절별 키워드 광고 분석

겨울시즌에는 남자야상, 패딩, 야상, 패딩조끼, 워커, 스니커즈, 털모자, 가발, 남자신발, 가죽자켓, 남자워커, 앵글부츠, 후드집업, 야상점퍼, 백팩, 남자니트 등의 상품키워드를 주로 사용합니다. 남성의류의 자상호(자신이 운영하는 쇼핑몰 상호)와 타상호(경쟁쇼핑몰의 상호) 키워드도 사용이 많았습니다. 남자쇼핑몰, 10대 남자쇼핑몰, 스트릿패션 등의 스타일 키워드도 사용이 됩니다.

봄시즌에는 자상호와 타상호의 상호키워드 비중이 가장 높습니다. 워커, 후드집업, 가디건, 야구잠바, 야상, 남자워커, 패딩조끼, 니트가디건, 남방, 블레이져, 롱가디건, 봄야상, 백백쇼핑몰, 청자켓, 남자청남방등의 상품 키워드를 주로 사용합니다. 남자쇼핑몰, 얼짱쇼핑몰, 봄옷 등의 스타일 키워드도 사용되었습니다.

여름시즌에는 남자쇼핑몰, 10대남자쇼핑몰, 20대남자쇼핑몰, 남자옷쇼핑몰, 남자옷등 스타일 키워드와 상호 키워드의 비중이 커졌습니다. 상품 키워드는 카라티의 비중이 커졌습니다. 그 밖에 남자신발, 남자바지 등의 상품 키워드가 사용되었습니다.

가을시즌에는 10대남자쇼핑몰, 남자옷쇼핑몰, 20대남자쇼핑몰, 얼짱쇼핑몰 등 스타일키워드를 주로 사용합니다. 상품 키워드는 가디건의 비중이 커졌습니다.

02 20대 남성 캐주얼스타일 쇼핑몰의 키워드 광고 분석

20 남성의류 쇼핑몰은 쇼핑몰의 일반적인 특징인 주말에 유입 및 검색율이 크게 떨어집니다. 다음은 요일 및 시간대별 광고 분석과 계절별 광고 분석표입니다. 키워드 광고 집행 시 다음 특징을 참조하여 전략을 세웁니다.

❶ 요일 및 시간대별 광고 분석

방문자수가 가장 많은 요일은 월요일입니다. 화요일~목요일에도 방문자가 많습니다.

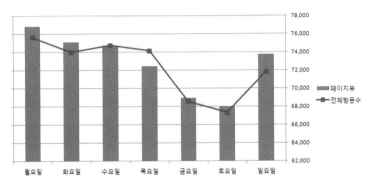

◆ 20대 남성의류 쇼핑몰의 요일별 광고 분석

오후 20시부터 새벽 1시까지가 검색량이 가장 많은 시간대입니다.

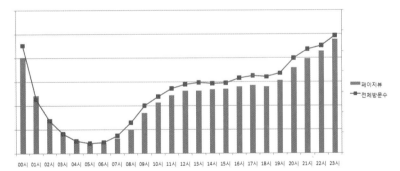

◆ 20대 남성의류 쇼핑몰의 시간대별 광고 분석

❷ 계절별 키워드 광고 분석

겨울시즌에는 남자쇼핑몰, 남자옷, 남자옷쇼핑몰, 남성쇼핑몰 등의 스타일 키워드와 남자야상, 야상, 패딩, 남자가디건, 패딩조끼, 코트, 남자패딩 등의 상품키워드를 주로 사용합니다. 주요 남성의류 상호들도 사용되고 있었습니다.

봄시즌에는 남자쇼핑몰, 남자옷, 남성쇼핑몰, 남성의류, 20대남자쇼핑몰, 남자봄옷, 남자옷쇼핑몰 등의 스타일 키워드의 비중이 높았습니다. 남자야상, 워커, 남자가디건, 가디건, 남자신발, 청남방 등의 상품 키워드를 사용하고 스타일 키워드에 비해서 비중이 적었습니다. 주요 남성의류 상호들도 사용되고 있었습니다.

여름시즌에는 남자쇼핑몰, 남자옷, 남성쇼핑몰, 남자옷쇼핑몰 등 스타일 키워드의 비중이 가장 높았습니다. 다른 계절에 비해 상호 키워드의 비중이 커졌습니다. 상품 키워드는 남자면바지, 카라티, 남자반바지 등의 상품 키워드가 사용되었습니다.

가을시즌에는 남자쇼핑몰, 남자옷 등 스타일 키워드를 주로 사용합니다. 상호 키워드도 많이 사용되었습니다.

03 10대 여성 쇼핑몰의 키워드 광고 분석

여성의류 쇼핑몰은 키워드 광고 외 이미지 광고의 비중이 높은 특징이 있습니다.

❶ 요일 및 시간대별 광고 분석

방문자수가 가장 많은 요일은 일요일입니다. 평일보다는 주말에 방문자수와 페이지뷰가 월등히 높습니다.

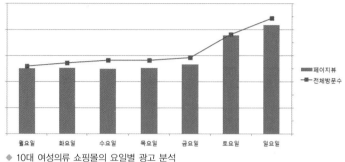

◆ 10대 여성의류 쇼핑몰의 요일별 광고 분석

시간대별로는 오후 20시~22시가 피크타임입니다.

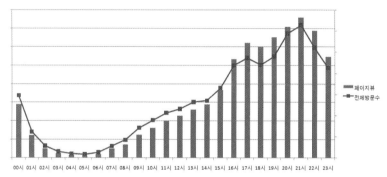

◆ 10대 여성의류 쇼핑몰의 시간대별 광고 분석

❷ 광고 전략의 특징

여성의류의 경우에 대체적으로 키워드 광고 보다는 쇼핑 이미지 광고 예산이 월등히 많습니다. 단 10대 여성의류 쇼핑몰의 경우에 키워드 광고의 비중과 쇼핑몰 이미지 광고의 비중이 비슷하게 집행되고 있습니다.

10대 쇼핑몰 상호키워드(예: 소녀나라, 고고싱, 미쳐라, 겐즈샵, 미니뽕)들은 키워드 그룹별로 가장 많은 광고비를 사용되었습니다. '10대쇼핑몰' 은 대표키워드로 키워드별로 가장 많은 광고비를 사용되었습니다. 상품키워드는 시즌에 따라 여자야상, 여자체크남방, 교복가디건 등이 사용되었습니다.

04 20대 캐주얼 보세 쇼핑몰 키워드 광고 분석

다음은 20대 여성 캐주얼 보세 쇼핑몰들의 요일 및 시간대별 광고 분석과 계절별 광고 분석표입니다.

❶ 요일 및 시간대별 광고 분석

방문자수가 많은 요일은 화요일에서 수요일 사이입니다.

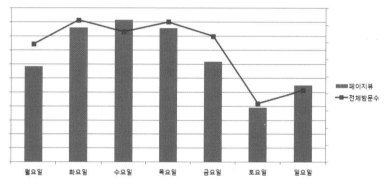

◆ 20대 여성 캐주얼보세 쇼핑몰의 요일별 광고 분석

시간대별로는 오후 21시~00시가 피크타임입니다. 특이한 점은 18시에서 20시까지 방문자수가 줄어듭니다.

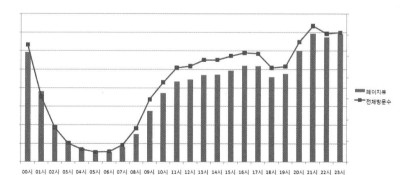

◆ 20대 여성 캐주얼보세 쇼핑몰의 시간대별 광고 분석

❷ 키워드 광고의 특징

　해당 카테고리에서 키워드 광고의 비중이 전반적으로 적습니다. 키워드 광고 비중이 높은 업체의 자료를 분석하였습니다. 상호 키워드의 광고비중이 월등히 높습니다. 일부업체는 상호 키워드 그룹만으로 키워드 광고를 집행하고 있었습니다. 스타일 키워드로 '여성의류쇼핑몰' 키워드가 대표 키워드로 사용되고 있습니다. 상품 키워드로는 '보드복', '원피스', '니트원피스', '여자가디건' 등의 키워드 등이 사용되었습니다.

05 30대 헐리웃 스타일 쇼핑몰의 키워드 광고 분석

❶ 요일 및 시간대별 광고 분석

　방문자수가 가장 많은 요일은 화~목요일입니다. 주말에 방문자수가 급격히 줄어드는 특징이 있습니다.

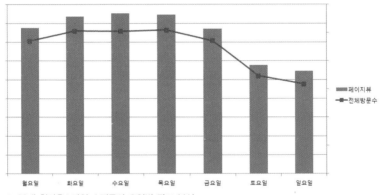

◆ 30대 헐리웃스타일 쇼핑몰의 요일별 광고 분석

　시간대별로는 점심 후인 13~18시까지 가장 활발합니다. 18시~20까지 방문자가 줄어들고 다시 20~23시까지 방문자가 늘어납니다.

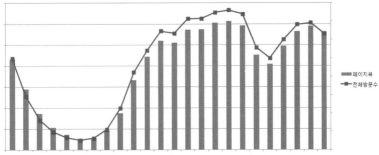

◆ 30대 헐리웃스타일 쇼핑몰의 시간대별 광고 분석

❷ 광고 전략의 특징

해당 카테고리에서 키워드광고의 비중이 전반적으로 적습니다. 상호 키워드의 광고비중이 월등히 높습니다.

스타일 키워드로 '연예인쇼핑몰', '여성쇼핑몰', '여성의류쇼핑몰' 키워드가 대표키워드로 사용되고 있습니다. 상품키워드로는 '여성트레이닝복', '트레이닝복', '트레이닝복쇼핑몰', '패딩조끼', '야상점퍼', '가죽자켓', '여성코트' 등이 사용되었습니다.

06 유아동복 쇼핑몰의 키워드 광고 분석

다음은 30대 여성 고객을 대상으로 하는 유아동복 쇼핑몰의 키워드 광고를 분석한 결과입니다.

❶ 요일 및 시간대별 광고 분석

방문자수가 가장 많은 요일은 목요일입니다. 평일보다 주말에 방문자수가 월등히 적습니다.

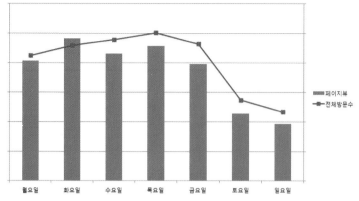

◆ 유아동복 쇼핑몰의 요일별 광고 분석

시간대별로는 오전 11시~18시가 가장 활발합니다. 18시~21까지 방문자가 줄어들고 다시 21~00시까지 방문자가 늘어나지만 낮 피크타임까지 회복되지는 않습니다.

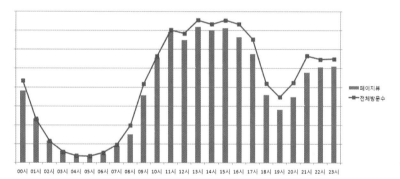

◆ 유아동복 쇼핑몰의 시간대별 광고 분석

❷ 광고 전략의 특징

'유아복', '아동복쇼핑몰', '아동복', '유아복쇼핑몰' 등의 대표 키워드와 '보세아동복', '예쁜아동복' 등의 상호 키워드가 주로 사용됩니다.

Why? 홍보하고 판매하는데 돈을 쓰세요?

종합유통마케팅포탈
dome **ook**
도매꾹

상품공급시장
판촉시장
비품시장
중국도매시장
나까마시장
도매시장

100만명이 우리 상품을 홍보해 준다면?
100만 도소매업체가 우리 상품을 팔아 준다면?

도매꾹 아시죠?
우리나라에서 제일 큰 도매상품 거래중개사이트 라는거~

도매로, 낱개로 모두 판매가 가능 하답니다!

도매꾹에 상품을 등록하면,
100만 도소매업체가 인터넷 구석구석까지 등록하고 홍보해 줍니다!

받아가세요! 상품 등록 쿠폰 받기 (신규가입 회원용)

도매꾹에 가입하고 상품 등록 쿠폰 (30,000원 권)을 받아가세요!

하나, 도매꾹 (http://domeggook.com)에 접속하고 회원가입을 합니다.

두울, 최초 회원가입은 일반회원이며, 정회원으로 전환하는 가입절차 중 부가정보입력에서 "신규 가입용 쿠폰" 란에
쿠폰번호 16자리를 입력합니다.

세엣, 정회원에 가입한 후 "My도매꾹 〉쿠폰관리" 에서 등록 된 쿠폰을 확인 합니다.

※유효기간: 2015년 12월 31일까지 (등록일로부터 60일 경과 후 잔액에 상관없이 자동소멸)

쿠폰번호 **9RDA-5TDW-5197-RXG4**

domeggook.com